丛书序

1953年，爱因斯坦在给加州一位朋友斯威策的回信中写道:“西方科学发展是以两个伟大的成就为基础的，那就是希腊哲学家发明形式逻辑体系（在欧几里得几何学中）以及（在文艺复兴时期）发现通过系统的实验可以找出因果关系。”

科学实验与近现代科学是什么关系？爱因斯坦在这里做了十分明晰的回答:科学实验是科学发展的两大基石之一。考虑到爱因斯坦是一位纯粹从事理论研究的科学家，又考虑到这是他晚年所表达的观点，足见科学实验在科学发展历程中的基础地位是无可撼动的。

什么是科学实验？科学实验是指根据一定目的，运用一定的仪器、设备等物质手段，在人工控制的条件下，观察、研究自然现象及其规律性的科学实践形式。科学实验的范围和深度，随着科学技术的发展和社会的进步，在不断扩大和深化。

科学实验是发现科学现象、规律的重要途径。如果说在以前还有些新的自然现象或规律，不一定要通过严格的科学实验就可以发现的话，那么，在科学技术越来越发达的当今及未来，在各种极端条件下要发现自然界的新现象并进行研究，不通过复杂的科学实验是很难做到的。

科学实验是验证科学假说、理论模型的唯一可靠途径。正如费曼所说:“实验是理论的试金石。任何科学的结论只能在科学实验验证之后才可能具有科学上的意义与权威。”

科学实验相对于科技创新,是基石,是“母亲”,是源泉,更是科学知识、科学方法、科学思想、科学精神的集大成者。在科学传播、科学普及越来越彰显其重大价值的时代,科学实验相对于科学传播,同样具有不可替代的作用。在新科技革命风起云涌的当今时代,科学传播的重点要逐步从传播知识向传播创新的思路和方法、科学的理念与精神转移,因此,科学实验在青少年的科学普及教育中,相较于单纯书本知识的灌输,其作用与地位就进一步凸显出来了。

科学实验的趣味与神奇是点燃青少年好奇心的圣火。好奇心是每个孩子与生俱来的。各学科不同的科学实验,那千变万化的颜色,那令人意想不到的实验结果,那进入科学实验室所看到的陌生景象、所听到的奇特声响,都是开启孩子好奇心、探究欲的钥匙。

科学实验的实践过程是培养青少年动手习惯的重要途径。良好的动手习惯和能力是科学人才必备的要求。从小培养孩子边观察、边思考、边动手的习惯,对他们的创新意识、创新能力的提升,是必经的一步。

然而,虽然我们大家都知道科学实验对青少年科学素养的提升有着巨大的价值,但是,综观国内科普产品市场,从科学实验角度对青少年进行科学传播的图书相对较少,更多的是对科学知识的介绍。即使有少数涉及科学实验的科普图书,也多是停留在实验方法介绍的层面。

有鉴于此,我院科学传播局联合浙江教育出版社,决定以中学生为主要读者群,出版一套科学实验丛书。丛书编撰者经过研究分析,确立了丛书的主旨、思路、框架与风格。呈现给读者的这套丛书,以“科学实验之

旅”“科学实验之功”“科学实验之道”“科学实验之美”“科学实验之趣”为题，编为五册，为科学实验做一全景式扫描，从不同视角带给中学生关于科学实验的全谱式分享。丛书既注重包含科学实验全方位、各学科的前沿知识，厚今薄古，更注重科学实验中体现的科学方法、科学思想和科学精神；既有富于哲理的文字表述，又有丰富的案例故事，趣味盎然，情理交融，图文并茂，通俗易懂，期望能给广大青少年提供一道关于科学实验的美味大餐。当然，这是编撰出版者的初衷和目标，是否真的既营养丰富，又美味可口，要请读者自己品味一番。

丛书面世之际，编撰出版者邀我作序，于是写了上述文字，是为序。

中国科学院院长 白春礼

2019年8月

丛书前言

两年前，两位周先生——中国科学院科学传播局的周德进局长和浙江教育出版社的周俊总编辑——找我组织主编一套有关科学实验的科普书，主要读者定位于中学生。感佩于他们的诚意及敏锐眼光，我接受了这一邀约。于是，这套书的编撰出版就成了我们近两年来的一个牵挂。

伴随民族复兴大业突飞猛进的步伐，科学普及事业近年来越来越受到国家和社会的高度重视。放眼科普出版市场，一派兴隆火爆的气象，令人振奋。但是，在眼花缭乱的出版物中，关于科学实验的科普著作确实不多，即使有，也只是一些趣味实验类的操作介绍。

什么是科学实验？科学实验与人类的科学技术事业有什么关系？在科学技术发展的历史长河中，科学实验起过什么作用？又有哪些故事？这些内容，如果以中学生能够接受且通俗有趣的形式提供给他们，相信对他们提升基本科学素养会是不错的素材。

（一）科学实验是科学得以发生、发展的两大基石之一。这是爱因斯坦1953年提出的看法，在科学界获得了广泛的共识。他在《物理学进化》一书中还指出：“伽利略的发现以及他所应用的科学推理方法是人类思想史上最伟大的成就之一，而且标志着物理学的真正开端。”丁肇中在谈科

学研究的体会时也说:“实验是自然科学的基础,理论如果没有实验的证明,是没有意义的。”

爱因斯坦说科学实验是科学发展的基础,我想可以从两个角度去理解:一是科学实验是发现新的科学现象、科学知识的利器。我们都知道“水”,但是,如果不是200多年前普里斯特利、拉瓦锡等科学家连续40余年的实验探索,怎能知道这种重要的透明液体是由“两氢一氧”组成的?如果没有多种光谱仪器和相关的科学实验,仅靠人的眼睛感知,除了可见光波段以外,广阔丰富的电磁波谱就可能与人类生活的各种应用绝缘。二是科学实验是验证科学假说、创建科学理论的必需工具。科学的特点之一,是必须具有可重复性、可检验性。实证是科学的基石,在科学通向真理的路上,实验是首要条件。无论谁声称自己的理论如何完美自洽,没有科学的实验证据,都不足为信。科学实验是理论的最高权威。科学是实证科学,一个理论、一个现象如果不能通过实证检验,是必须被排除在科学大门之外的,它可能是伪科学,也可能是“不科学”。这就是科学的实证精神。正是因为有了科学的实证精神,科学才得以那么与众不同。科学实验是检验科学真理的唯一标准。依靠科学实验而不是依据个人权威去评判理论的是非对错,成了近现代科学与古代科学的分水岭,也为近现代科学的健康快速发展提供了强大的原动力。

但是,长期以来,在社会上有些人的心目中,理论、公式才是科学的“皇后”,实验不过是科学技术的“奴婢”,是服务于科学技术的工具而已。产生这种看法的原因,主要是对科学实验的意义和作用、科学实验在近现代科学技术发展历史进程中的实际地位缺乏基本认知。

另外,现代教育越来越重视科学教育,这是大时代发展的必然趋势。而科学教育的基本目的,我以为重点在于科学素质的培育,而不在于大量

知识的灌输，尽管知识的增加也是必需的、重要的。科学素质的重要内涵是科学的方法、思想与精神。科学实验是科学家认识自然、探求真理的伟大社会实践，因此，实验的过程与结果饱含了科学技术最丰厚的内涵，包括新的知识，更包括科学家在实践过程中应用的科学方法，表现的思想态度，闪耀的团队光芒，体现的科学精神。这一切，恰恰是广大青少年提升科学素养的最好“食粮”。

基于以上认识，丛书编委会经过多次调研、讨论，达成共识，希望编写一套高水平的科学实验丛书，期待产品达到“四性”“三引”的要求，即科学性、知识性、通俗性、趣味性，以及引人入胜、引人回味、引人向上。具体来说，第一，丛书要确保科学性与知识性，这是底线，科学性达不到要求，就会产生误导，对读者来讲，比零知识更糟糕。第二，要通俗、有趣，不仅通俗好懂，而且有趣有味，不说空话套话，不能味同嚼蜡，要通过大量实际的案例、故事，使之易读好读，图文并茂，雅俗共赏，引人入胜。第三，鉴于科学实验这样严肃宏大的内容主题，因此，应当体现科学史学、哲学、美学的结合，有较高的品位。第四，厚今薄古，既要有近现代科学实验发展的历史轨迹，更要体现科学技术、科学实验在当代的发展与前沿。当然，这些目标只是编撰者的自我要求与期待，能否达到，还得广大读者去评判。经过这些考虑之后，丛书编委会确定了丛书的基本框架，共包括《科学实验之旅》《科学实验之功》《科学实验之道》《科学实验之美》和《科学实验之趣》五册。这个框架是开放性的，根据今后发展及市场反应，也可能还有后续，这是后话。

（二）根据科学实验在科技发展中的源流、地位、功能以及面向中学生读者的科普定位，丛书确立了五册的框架，对各册的内容安排大致有如下考量。

《科学实验之旅》从历史发展的视角，主要通过重大的案例和科学事件，展现科学实验发展的基本源流和脉络，特别是让读者对在科学发展的里程碑时期起过关键作用的那些科学实验有所了解。本册以时序为主线，内容既有科学实验早期的源头，也有科学实验在当代的发展状况和对未来发展方向的前瞻。

《科学实验之功》以著名的科学实验为案例，展现科学实验对科学技术发展的重要贡献以及对人类文明进程的重大影响。科学技术是第一生产力，在近现代，它作为社会经济发展的基本原动力，厥功至伟。而科学技术的飞跃发展，每一步都离不开科学实验的鼎力支撑。

《科学实验之道》集中关注科学实验必须遵循的理念、规律、规范和方法。本册不拟对科学实验的具体流程、方法进行介绍，事实上，鉴于不同学科的实验方法千差万别，想在一本科普册子里全面阐释，实属不可能，也不必要。科学实验看似多样、直观，但其蕴含的深层哲理与大道规律却是有迹可循的。当然，本册并非只用枯燥、深奥的哲学语言与读者对话，而是通过生动的案例同青少年恳谈。

《科学实验之美》侧重于从美学视角来考察科学实验。科学求真，人文至善，科学与人文的融合处会绽放出地球上最美丽的花朵。科学实验之美，有着不同的形态，各样的色彩。实验设计的简洁美，实验过程的曲折美，实验结果的理想美，实验者的心灵美，通过一个个真实的案例故事，读者可以从不同的方位欣赏到科学实验带来的美，陶醉在科学、人文融合的场景之中。

《科学实验之趣》的作者主要是来自优秀中学的优秀教师。他们有着丰富的教育经验，了解中学生的兴趣点。兴趣和趣味是引导青少年走进科学之门的最好向导。曾经有调研者问不同学科、不同国籍的诺贝尔奖

得主同一个问题："您为什么能获得诺贝尔奖？"超过70%的受访者的回答是一样的，那就是"对科学的兴趣"。而科学的趣味虽然很多体现于理性的思考，但可能更多蕴含在科学实验的过程之中。本册作者在科技发展的历史长河中，按学科遴选出一批富有趣味的实验案例，将其奉献给莘莘学子阅读欣赏，想必对他们通过有趣的实验进一步探索、进入科学王国有所裨益。

上述各册在深入阐述各书主题时，都会遴选大量科学实验案例。因此，读者可能会想：会不会有案例重复引用的情况？有，的确有。某些重要的科学实验的确有被不同作者重复引用的情形。虽然，丛书编委会期望各书作者尽量避免重复，也采用过交叉对照、相互协商等措施，但客观地说，完全避免是不可能的。不过，即使是同一个实验案例，在不同的书册中被引用时，角度、素材、内容也是不一样的，作者会围绕该册的主题去选材和表述，不会影响读者的阅读兴趣。

另外，我们要求每册图书必须在统一的框架下，有基本一致的装帧设计、基本一致的框架结构，以显示它们同属"中国青少年科学实验出版工程"丛书，便于读者识别、选择、阅读。与此同时，我们也容许不同作者有自己的写作风格，以免千篇一律，可以在统一的构架下，呈现各自的风格特点。读者选择时，既可以是整套一起，也可以根据自己的需求偏好，只选阅丛书中的一册或几册。

为方便读者在阅读过程中对某一实验进行进一步的追踪了解，作者、责编在一些章节的合适处，插入了链接，或加上了小贴士。同时，在丛书出版过程中，还配上了有趣的科学动漫，为纸媒出版物添上一对数字传媒的翅膀。这些技术、细节性的安排，目的是给广大读者多一点趣味和便捷。

（三）从这套丛书的接手编撰到即将付梓，过去了约两年的时光。其间，召开过7次编委、作者和出版者的联席研讨会。

几位作者从春夏到秋冬，以再学习、深探究的态度，反复修改润色，花费了大量的精力和时间；出版方更是自始至终参与其中，事无巨细，指导支持。两年来，虽然殚精竭虑，笔耕劳苦，但整个团队所有成员都觉得有付出、有收获，心情畅快，合作开心。忘不了研讨会上面红耳赤的热烈争辩，以科学的态度编撰科学实验丛书是我们的共识，也让我们受到一次次科学精神的洗礼；忘不了在重庆江津中学、浙江淳安中学短暂而愉快的时光，校长、师生们对丛书的要求和真知灼见，为丛书的成功编撰增添了一层层厚实的底色。

这套丛书还没问世，就已经受到了学界和社会的关怀与期盼。中国科学院院长白春礼院士为丛书欣然作序。丛书还得到了中国科学院院士刘嘉麒、林群等先生的推荐，并且列入了2019年度国家出版基金项目。

在丛书即将面世的此时此刻，作为主编，本人的心情是复杂的。一方面，我们从一开始就确实怀有一个愿望——做一套关于科学实验的优秀科普书献给中学生及有兴趣的读者，自始至终也为实现这个愿望在做努力，在它正式与读者见面之前，内心怀有一丝激动和些许期待。另一方面，它到底能不能受到读者的欢迎，能不能装进他们的书包、摆上他们的案头，我们心中并没有十分的底数，心情忐忑。不过，媳妇再丑总是要见公婆的，书籍终究是给读者阅读并由读者评点的。我们唯抱诚恳之心，请读者浏览阅读之后，提出指正意见。

郭传杰

2019年9月

序言

亲爱的读者朋友们，这本书是科普类丛书——“中国青少年科学实验出版工程”中的一本，主题是讲科学实验之道。先说什么是科学实验，说得简单直白一点儿，就是人类有关科学的实验活动；严谨一点儿说，它是指根据一定目的，运用一定的仪器、设备等物质手段，在人工控制的条件下，观察、研究自然现象及其规律性的社会实践形式，是获取经验事实和检验科学假说、理论真理性的重要途径。本书主要讲自然科学的实验活动。

再说“道”，“道”字的含义就复杂了。“道”作为一个哲学名词，由春秋时期的老子首次提出。在人类历史上，“道”是宇宙万物的本源。本书是一本有特定读者群的、科普类的有关科学实验的图书，我不能天马行空，要先把“道”界定到科学实验中来。这里我理解的道，规律、规则、思路、方法的成分多一些，当然，也有文化和理念的内涵。

尽管有了一些明确的界定，科学实验之道依然是一个很大的题目。

我在科研机构工作几十年，多少也有一些感受和体会。如果说科学实验之道是浩瀚的海洋，我也只能算是曾经在科学的海边徜徉过，接受过浪花的洗礼。我家里收藏的有关科学方法的图书有十几种，作者们从不同的角度阐述科学方法，读了也受到不少启发。一类是从整体上讲科学

研究或科学实验方法；另一类是分学科的，比如生物学实验方法、心理学实验方法等；第三类是著名科学家的一些体会，有时候只是一句话，却使人有振聋发聩之感。比如，爱因斯坦曾经说过：“科学家必须在庞杂的经验事实中抓住某些可用精密公式来表示的普遍特征，由此探求自然界的普遍原理。”

我不想把这本书写成单纯阐述科学方法的论著，那应该是针对另一个读者群的。作为一本科普书的作者，我想结合科学实验的实际和案例，和读者朋友们聊一聊科学实验之道。

科学实验的历史很悠久，所以，在纵向方面，我从古代讲到今天，但坚持“厚今薄古”的原则，适当多介绍一些新的科学实验案例，我们毕竟生活在科技高度发达的当代社会。在横向方面，我们把眼光放在世界尺度，视野尽量开阔一些。

本书分为4章。第1章，科学实验的源与流，实际上呈现给读者朋友的只是科学实验源流的几滴水。在“科学实验溯源”一节里，介绍了亚里士多德的科学思辨、达·芬奇的科学设计和实践、弗朗西斯·培根的经验归纳法；在“科学实验的学派”一节里，介绍了古代的毕达哥拉斯学派和现代的哥本哈根学派。在这两节中间，插入了几个经典科学实验案例。无论是源流，还是学派，包括几个经典科学实验，我选取的都是科学史上里程碑式的事件和人物，极具代表性。

第2章，科学实验的法与规，介绍了科学实验的特点、原则和方法，也讲了科学道德和科学伦理。为了不使这些内容过于枯燥，我在介绍方法时结合了9个经典案例。

第3章，色彩缤纷的科学实验，介绍了21个科学实验的重要成果案例。虽不多，但却包含了不少学科和类型，这些案例的选择，绝对“厚今薄

古”，大多是较新的科技成果。当然在介绍时，都在科技创新的思路和方法上多着了一些笔墨。

第4章，现代科学实验的未来发展。前瞻和把握未来科技发展趋势，不仅是科学家的责任，社会公众包括科学爱好者也非常关注科学的未来发展，因为它和我们的生活息息相关。在这一章里，我力图站得高一些，目光放得远一些，在介绍科学技术发展趋势的同时，也介绍了科学实验方法的发展。既纵横捭阖，又没有信马由缰，还是做了一些认真的梳理。

总之，在这本书里，我想通过过去、现在、未来三个大的时段来讲述科学实验之道，不求全面系统，也不涉及深刻的理论。如果读者朋友阅读之后，大体上对科学实验之道有个印象、有些感悟、有所思考，我就心满意足了。

除了文字叙述之外，书中还插入了100多幅图片，以诠释文字内容、活跃版面，增加阅读兴趣。

当今时代是一个科学技术日新月异、迅猛发展的时代。在写这本书的时候，我有一个明显的感受，每天读到大量的科技信息，就像乘坐高速列车，奔驰在辽阔的科学原野上，一路凭窗而望，精彩纷呈、目不暇接，眼前的景物稍纵即逝，很难抓住。如果说，阿西莫夫、卡尔·萨根、霍金这样的科学巨匠、科普大家呈现给读者的是精心酿制的优质花蜜，我这里呈现给读者朋友的便是路边采撷的一束小花，虽无繁华，但也倾心。

我把我的邮箱留在下面，书中如有错讹不当之处，恭请专家和读者朋友指正，怎样把科普书写得更好，我亦愿意聆听方家指教。

沈　颖

shenying@cashq.ac.cn

2019年冬于北京风林绿洲

目录

第1章 科学实验的源与流

第2章

科学实验的法与规

第3章

色彩缤纷的科学实验

第4章

现代科学实验的未来发展

第1章

科学实验的源与流

科学实验起源于什么时候？最早的科学实验是哪一个？为什么要进行科学实验？对于这些问题，真的很难一下子说得非常清楚。这一方面涉及科学实验概念的界定，另一方面涉及人们对科学实验的记载，还涉及科学史研究。

追根溯源就要纵览科学史，世界上科学史学家很多，有关科学史的书也不少，光我家书架上就有十几本。这些科学史学家及其著作，在不同程度上回应了上述几个问题，每每读来，都有徜徉在浩瀚科学海洋之中的感觉，都会有一些新的启发和感悟。当然，也有一些科学史著作，学术性、理论性太强，其某些章节和段落一时还很难完全读懂。

在这一章里，我不想也不能对科学的源流做全面的阐述，只是在科学源泉的深处掬一捧浪花，献给亲爱的读者，希望大家能从中感悟和体会些许科学实验之道。

科学实验溯源

亚里士多德的科学思辨

图1–1　亚里士多德

亚里士多德是我最崇拜的哲学家和科学家之一。他被誉为古希腊“哲学三贤”之一（另外两位是他的老师柏拉图和他老师的老师苏格拉底）。但很多人不太了解亚里士多德对科学的贡献。

说到亚里士多德，首先得说说他所处的环境。在古代所有的民族中，少有民族能像古希腊人那样对近代世界产生如此巨大的影响。这些重要影响主要不是物质文明方面的，因为古希腊人几乎没留下什么造福于后人的伟大工程，也几乎没有什么杰出的科学发明，其贡献主要是精神文明方面的。科学史学家认为，古希腊人开启了哲学，也开启了科学，同时，孕育了科学精神。

这样说可能使人感觉比较抽象，说得具体一点儿，从公元前500年左右开始，古希腊涌现出了一大批才智卓越的哲学家和科学家，其中一些人成为许多学科的奠基者、鼻祖和老师，可以说是灿若群星，照亮夜空。这些先贤当中，有早期的自然哲学家泰勒斯、阿那克西米尼、德谟克利特，人文哲学家普罗泰哥拉、苏格拉底，体系哲学家柏拉图、亚里士多德，天文学家阿克斯塔克、西帕克斯、托勒密，数学家欧几里得、阿波罗尼，物理学家阿基米德，医学家希波克拉底，地理学家埃拉托色尼，生物学家特奥弗拉斯特，等等，太多了。好多名字在笔记本电脑上用拼音输入法一敲，就会一字不差地显示出来，可见人家的知名度有多高。

这里还得重点说说我最崇拜者之一亚里士多德，我把他称为"老亚"，虽说不合规则，但感觉非常亲切。老亚何许人也？人类历史上最伟大的思想家、哲学家、科学家之一，百科全书式的学者，单凭这些评价和称谓就可见一斑了。

图1-2 柏拉图

老亚出生于公元前384年，比孔子晚一些，比孟子稍早一点儿。也许是受父亲的影响，亚里士多德对生物学和实证科学饶有兴趣；而在柏拉图的影响下，他又对哲学推理产生了兴趣。老亚17岁那年来到柏拉图学

园学习，直到他的导师柏拉图去世。前后20年，受到良好教育，也备受柏拉图喜爱和器重。但是老亚并没有完全继承柏拉图的衣钵，而是创立了与柏拉图非常不同的哲学体系。老亚有一句名言：“吾爱吾师，吾更爱真理。”

老亚的哲学体系博大精深，有自己的鲜明特色。他不同意柏拉图的一些理念，柏拉图强调理念的超越性，蔑视经验世界。老亚重视经验考察，认为事物的本质寓于事物的本身之中，是内在的，不是超越的，他的哲学旨在找出事物的本质和原因。比如，他以一个生物学家的身份，搜集第一手资料，亲自观察动物的习性，亲自解剖动物，通过观察、实验，总结生物界的一些规律。

后人公认，老亚几乎对每个学科都做出了贡献，他的研究和写作涉及伦理学、形而上学、心理学、经济学、神学、政治学、修辞学、自然科学、教育学、诗歌、风俗，以及雅典法律。如果说柏拉图是一个综合型学者，那么，老亚不仅是如此，更是一个分科型学者。他总结前人已经取得的成果，创造性地提出自己的理论，几乎每一个学科领域，都留下了他的著作——《形而上学》《物理学》《天象学》《论宇宙》《论动物的历史》《大伦理学》《政治学》《修辞学》等，不愧是名副其实的百科全书式的大学者。他把科学分为思辨的科学、实践的科学、创造的科学三大类。

很多学者对古希腊的思辨传统和科学精神给予很高的评价，亚里士多德（这里该说“大号”了）是科学思辨的代表人物。这里我要特别强调，亚里士多德的科学思辨是古希腊科学思辨整体中非常精彩的一部分；科学思辨和哲学思辨是密切相关的，哲学是科学的纯粹形态。从科学发展的源与流的角度看，古希腊科学的肇始和创新及其贡献只是世界源流的一部分。

达·芬奇的科学设计和实践

达·芬奇也是我最崇拜的大家之一，他简直就是个超人。现代学者称达·芬奇为“文艺复兴时期最完美的代表”，是人类历史上绝无仅有的全才。在更多场

合，达·芬奇都被归入艺术领域的杰出代表人物，比如，意大利"文艺复兴三杰"之一（另外两人是米开朗基罗和拉斐尔）。全世界普及度最高的画作可能就是达·芬奇的作品《蒙娜丽莎》，原作珍藏于法国卢浮宫，是该馆的镇馆三宝之一。我有幸两次到法国卢浮宫内欣赏达·芬奇的代表作《蒙娜丽莎》，每次现场都有许多参观者聚集于此，我很难靠近跟前，只能"远望"。

可能很多人不大了解达·芬奇对科学的贡献。他学识渊深、博学多才，不仅是艺术家，还是发明家、医学家、生物学家、地理学家、音乐家、大哲学家、诗人、建筑工程师和军事工程师。

图1–3　达·芬奇

达·芬奇在科学实验方面影响最大的应该是他在生理学上的工作。他不顾罗马教会的反对，解剖了约30具尸体。由于有了解剖学的经验，他能在哈维（英国17世纪著名的生理学家和医生，发现了血液循环的规律）之前就提出血液循环的构想，研究了心脏的构造和功能。

达·芬奇为一座很大的天主教堂建造过一部升降机，他还设计过坦克、降落伞、飞机和潜水艇。他为了设计飞机，研究过鸟的飞行；为了设计潜水艇，研究过鱼的游泳方式。他发现了杠杆的基本原理，重新证明了阿基米德所提出的许多流体力学结论。他揭示了人类的视觉是缘于眼睛对外界光的感受，而不是眼睛发出的光，并绘制了光线在视网膜上成像的示意图。他认为整个宇宙是一部机器，按照自然规律运行，地球是诸多星体之一。他还猜测地球的结构可能存在某些长期的变化。

他全部的科研成果保存在他的手稿中，有15000多页。他在科学方面的重

要思想大都记录在他的笔记本上，生前没有及时公布于世，因此，对近代科学的创建未能产生直接的影响，这一点确实令人遗憾。诚如爱因斯坦所说，达·芬奇的科研成果如果在当时就发表的话，人类科技的进程可以提前半个世纪。

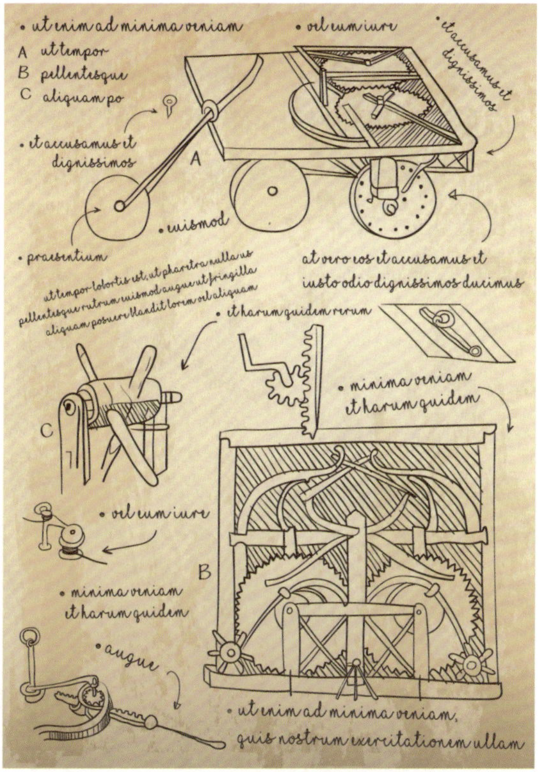

图 1–4　达·芬奇的设计图稿

达·芬奇在科学上的一大贡献在于，他倡导了一种亲自动手进行科学实验的科学态度和作风，以及对科学设计的注重。达·芬奇曾在他的笔记本上写道："自然界始于原因，终于经验，我们必须反其道而行之，即人必须从实验开始，以实验探究其原因。"达·芬奇对实验科学发展的推动，具有里程碑式的意义，他的科学思想在科学史上具有划时代的意义。

培根的科学归纳法

“知识就是力量”，这是一句掷地有声、振聋发聩、尽人皆知的名言，它就出自大名鼎鼎的培根之口。我对培根特别崇拜，很早就读过《培根随笔》。

图1–5　培根

培根也是个传奇人物。互联网上有这样一段文字：弗朗西斯·培根（1561—1626），英国文艺复兴时期散文家、哲学家。培根是近代归纳法的创始人，又是将科学研究程序进行逻辑组织化的先驱。我认为这个定位比较靠谱，但这只是“平面”的培根，还不是“立体”的培根。

培根出生于伦敦的一个贵族家庭，其父是伊丽莎白女王的掌玺大臣。培根12岁进入剑桥大学三一学院学习，后来从政，仕途顺达，23岁当选国会议员，1603年受封为男爵，1607年被任命为副检察长，1613年就任检察总长，1618年成为大法官，1621年受封子爵。正当培根的职业生涯到达高峰之时，他被人控告受贿，从此断送政治生涯。之后五年，他埋头著书立说，1626年辞世。

1605年，培根发表了《学术的进展》，他意识到科学技术将成为一种最重要的推动社会进步的力量。他发出豪言：“在所有能给予人类的利益中，我认为最

伟大的莫过于发现新的技术、新的才能和以改善人类生活为目的的物品。”“知识就是力量”就是在这样的背景下提出来的。

《新工具》是培根系统阐述其科学方法论的主要著作。在这本书中，培根毫不留情地批判了经院哲学所坚持的那一套科学推理程序，提出了自己的科学实验归纳方法论。

图 1–6 《新工具》图书封面

培根明确指出，正确的认识方法首先是不带任何偏见。既不能是单纯的经验主义，像蚂蚁那样忙忙碌碌但没有目标；也不能是单纯的理性主义，像蜘蛛那样虽织工精巧但空洞无物。而应将两者结合起来，像蜜蜂那样从花园和田野里采集花蜜，然后用自己的力量消化和处理它们。在获取了足够的经验事实之后，予以分类和鉴别，然后进行归纳。

培根在科学方法上的另一个重大贡献就是他最先倡导有组织的集体协作研究。在 1627 年出版的《新大西岛》一书中，他富有想象力地虚构了一个科学技术高度发达的国家，这个国家由“所罗门宫”里的科学家进行管理，这个所罗门宫是一个有组织的科研机构。很显然，这个虚构体现了培根对未来科研机构的建设及运行的设想。不到半个世纪之后，英国的实验科学家便仿造所罗门宫成立了一个“无形学院”。1663 年，无形学院得到承认，从而成就了后来著名的英国皇家学会。

虽然培根提出的科学实验归纳方法在科学史上书写了浓重的一笔，但客观地说，培根做的实验很少，也没有得出比较有意义的结论。最后，他在一项关于

雪能防腐的实验中受了风寒，罹患气管炎而不幸去世。事实上，培根精心设计的有条理的归纳法在17世纪的数理科学中发挥的作用不大，但在后来主要靠搜集资料得出结论的生物科学和地质科学中有用武之地。因此，有位著名科学史专家说，真正代表近代科学方法论精神的，既不是培根，也不是笛卡尔，而是伽利略和牛顿。

伽利略最先倡导并实践实验加数学的方法，但他所谓的实验不是培根意义上的观察实验，而是理想化的实验（只有这种实验才可能与数学处理相配套）。伽利略的实验程序分为三个阶段：直观分解、数学演绎、实验证明。面对无比复杂的自然界，首先要通过直观隔离出一些标准样本，将这些样本完全“翻译”成数学上容易处理的量，然后由这些量通过数学演绎推演出其他一些现象，再用实验来验证这些现象是否确实如此。它意味着将一个无比丰富复杂的感性自然界通过直观翻译成简单明了的数学世界，即将自然数学化。全部近代物理学都是建立在自然数学化的基础之上的。

图1-7　伽利略

牛顿的方法论可以称为“归纳—演绎”法，但它不同于笛卡尔的直观—演绎法。牛顿认为，虽然用归纳法从实验和观察中进行论证不能算是普遍的结论，

但归纳法是事物本性许可的最好的论证方法。牛顿非常重视归纳,但并不意味着他忽视数学的演绎。相反,他的公理方法是构成牛顿力学体系的根本方法。可以看出,在伽利略和牛顿这样的近代科学大师那里,科学观察和数学演绎是十分紧密地结合在一起的。

几个经典科学实验

在此介绍几个早期的经典科学实验,这些实验对于理解科学实验的源与流,应当很有参考作用。

伽利略的自由落体实验

这个实验不用我说,很多人都知道,因为这个实验太经典了。最先研究自由落体的是古希腊的科学家亚里士多德,他提出:物体下落的快慢是由物体本身的重量决定的,物体越重,下落得越快;反之,则下落得越慢。在近两千年的时间里,人们都把这个错误论断当作真理而坚信不疑,直到物理学家伽利略对此质疑。

1590年的一天,比萨大学青年数学教师伽利略,同他的辩论对手及许多人一道来到比萨斜塔。伽利略登上塔顶,将一个重100磅(约45千克)和一个重1磅(约0.45千克)的铁球同时抛下。在众目睽睽之下,两个铁球出人意料地差不多同时落到地上。面对这个实验结果,在场观看的人个个目瞪口呆,不知所措。这个实验用事实证明,轻重不同的物体,从同一高度自由坠落,加速度一样,它们将同时着地,从而推翻了亚里士多德的错误论断。这是自由落体定律的科学实验依据。我曾两次到比萨斜塔参观,当我看到高高的比萨斜塔时,总会情不自禁地想起伽利略的自由落体实验。

图1-8　比萨斜塔

后来,伽利略在1636年完成的《两种新科学的对话》一书中写道:如果依照亚里士多德的理论,假设有两块石头,大的重量为8,小的为4,则大的下落速度为8,小的下落速度为4,当两块石头被绑在一起的时候,下落快的会因为慢的而被拖慢。所以整个体系的下落速度在4—8之间。但是,两块绑在一起的石头的整体重量为12,下落速度也就应该大于8,这岂不陷入了一个自相矛盾的困境?伽利略由此推断物体下落的速度应该不是由其重量决定的。他在设想,自由落体运动的速度是匀速变化的。

伽利略敢于挑战权威,进行科学实验探索,揭示了自然界的本质,从而被载入史册。

后人这样评价伽利略:意大利物理学家、数学家、天文学家及哲学家,科学革命中的重要人物,其成就包括改进望远镜及其天文观测,以及支持哥白尼的

日心说。他的工作,也为牛顿力学体系的建立奠定了基础,他被誉为“现代观测天文学之父”“现代物理学之父”及“现代科学之父”等。

牛顿的棱镜分解太阳光实验

大名鼎鼎的牛顿,几乎家喻户晓。牛顿1643年出生在英国,是世界近代科学技术史上伟大的物理学家、天文学家和数学家。他不但在经典力学研究方面做出了卓越的贡献,是经典力学的奠基者,而且在热学、光学、天文学、数学等方面都做出了卓越的贡献。牛顿一生中曾花费不少精力从事光学方面的研究,并取得了许多成就。牛顿曾致力于颜色的现象和光的本性的研究。他独立完成的用棱镜分解太阳光的实验被评为“十大最美物理实验”之一。

牛顿1665年毕业于著名的剑桥大学三一学院。当时大家都认为白光是一种纯的没有其他颜色的光,而彩色光是一种不知何故发生变化的光。

牛顿用棱镜分解太阳光的实验是这样做的:把一间屋子的所有窗户、门等透光的地方用厚实的布遮挡起来,屋子里什么也看不见,这就制造了一个暗

图1-9　牛顿在做太阳光经三棱镜折射的实验

室。在这个暗室里朝向太阳的一扇窗上开一个小孔，让一束窄的太阳光通过这个小孔进入室内，在光束经过的路径上放一块三角形的玻璃棱镜。在小洞对面的墙上就会观察到一个由各种颜色的圆斑组成的像，颜色的排列是红、橙、黄、绿、青、蓝、紫，偏离最大的一端是紫光，偏离最小的一端是红光。牛顿把这个颜色光斑叫作光谱。

牛顿为了解释三棱镜实验中白光的分解现象，认为白光是由各种不同颜色的光组成的，玻璃对各种色光的折射情况不同，当白光通过棱镜时，各色光以不同角度折射，结果就被分开成颜色光谱。白光通过棱镜时，向棱镜的底边偏折，紫光偏折角度最大，红光偏折角度最小。棱镜使白光分开成各种色光的现象叫作光的色散。严格地说，光谱中有很多种颜色的细线，它们都极平滑地融在相邻的细线里，以至于人们觉察不到其界限。

埃拉托色尼测量地球圆周长

古希腊数学家毕达哥拉斯第一次提出“大地是球体”这一概念。亚里士多德总结了三个科学方法来证明大地是球形的。

最早测量计算地球半径和周长的是埃拉托色尼，他在西方最早使用“地理学”一词，被称为“地理学之父”。埃拉托色尼还在测地学和地理学方面做出了杰出贡献。

埃拉托色尼（约前275—前194）出生于希腊在非洲北部的殖民地——昔勒尼（今利比亚东部）。他在昔勒尼和雅典接受了良好的教育，成为一位博学的哲学家、诗人、天文学家和地理学家。他的兴趣广泛，不过他的成就主要表现在地理学和天文学方面。

埃拉托色尼曾应埃及国王的聘请，任皇家教师，并被任命为亚历山大城图书馆一级研究员。从公元前234年起，埃拉托色尼接任该图书馆馆长一职直到他逝世为止，这也说明他在古希腊学术界享有很高的声誉。

埃拉托色尼将天文学与测地学结合起来，第一个提出设想在夏至那天，分别在两地同时观察太阳的位置，并根据地物阴影的长度之差异，加以研究分析，从而总结出计算地球圆周长的科学方法。

埃拉托色尼选择同一子午线上的两地赛伊尼城和亚历山大城，在夏至那天将两地同时观察到的太阳位置进行比较。在赛伊尼城附近，尼罗河的一个河心岛上，有一口深井，夏至那天太阳光可直射井底。这一现象闻名已久，吸引着许多旅行家前来观赏奇景。它表明太阳在夏至那天正好位于天顶。与此同时，他在亚历山大城选择了一个很高的方尖塔作为参照物，并测量了夏至那天塔的阴影长度，这样他就可以量出直立的方尖塔和太阳光射线之间的角度。

图1–10 尼罗河

埃拉托色尼通过观测得出这一角度为7.2°，相当于圆周角360°的 $\frac{1}{50}$ 。由此表明，这一角度对应的弧长，即从赛伊尼城到亚历山大城的距离，应相当于地球圆周长的 $\frac{1}{50}$ 。接着，埃拉托色尼借助皇家测量员的测地资料，测量得到这两个城市的距离是5000希腊里，地球圆周长只要乘以50即可，结果为25万希

腊里。1希腊里约为157.5米，换算为现代的公制，地球圆周长约为39375千米，经埃拉托色尼修订后为39690千米。后来经过科学测量核算，证明埃拉托色尼当时的计算相当靠谱，误差不到1%。

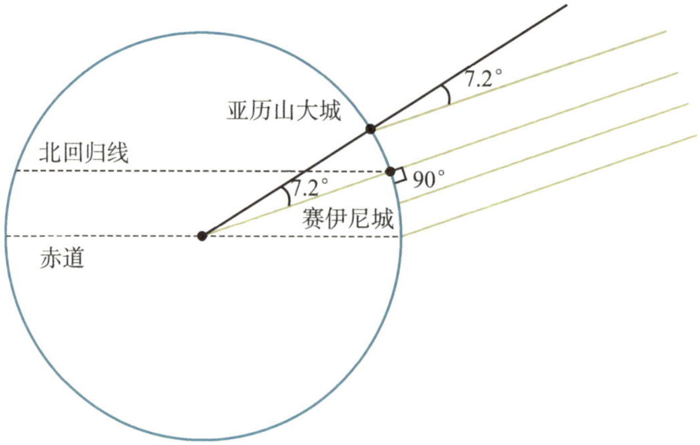

图1-11　埃拉托色尼测量地球圆周长原理示意图

卡文迪许扭秤实验

牛顿的伟大贡献之一是他的万有引力定律，但是万有引力到底有多大？1798年，英国物理学家卡文迪许利用扭秤，成功地测出了引力常量的数值，证明了万有引力定律的正确性。

卡文迪许（1731—1810），也译作“开文迪什”，英国物理学家、化学家。生于法国尼斯，卒于英国伦敦。出身名门贵族家庭，父亲是一位实验科学家。卡文迪许在化学方面有很大成就，他研究了氢气的性质、二氧化碳的性质、水的组成、空气的组成等。

卡文迪许解决问题的思路是，将不易观察的微小变化量转化为容易观察的显著变化量，再根据显著变化量与微小变化量的关系算出微小变化量。

牛顿认为公式中的引力常量G是普适常数，不受物体的形状、大小和地点、温度等因素影响，引力常量的准确测定能为验证万有引力定律提供直接的证据。卡文迪许根据牛顿提出的直接测量两个物体间的引力的想法，最先采用扭秤法准确地测定了引力常量。

卡文迪许实验所用的扭秤是由英国剑桥大学的天文学家、机械师约翰·米歇尔神父制作的。米歇尔制作扭秤是为了测定地球的密度，并与卡文迪许讨论过这一问题。但是，米歇尔还未用它来进行测定便去世了。米歇尔去世后，这架仪器几经辗转，传到了剑桥大学教授沃莱斯顿神父手里，他又慷慨地将它转赠给了卡文迪许，这时卡文迪许已年近古稀。

卡文迪许根据自己实验的需要，对米歇尔制作的扭秤进行分析，认为有些部件没有达到他所希望的方便程度，为此，卡文迪许重新制作了绝大部分部件，并对原装置进行了一些改动。卡文迪许认为大铅球对小铅球的引力是极其微小的，任何一个极小的干扰力就会使实验失败。他发现最难以防止的干扰力来自冷热变化和空气的流动。为了排除误差来源，卡文迪许把整个仪器安置在一个密闭的房间里，通过望远镜从室外观察扭秤臂杆的移动。扭秤的主要部分是一个轻而坚固的T形架，倒挂在一根金属丝的下端。T形架水平部分的两端各装一个质量为m的小球，T形架的竖直部分装一面小平面镜M，它能把射来的光线反射到刻度尺上，这样就能比较精确地测量金属丝的扭转角度。实验时，把两个质量都为m'的大球放在如图所示的位置，它们跟小球的距离相等。由于m受到m'的吸引，T形架受到力矩作用而转动，使金属丝发生扭转角度，产生相反的扭转力矩，阻碍T形架转动。当这两个力矩平衡时，T形架停下来不动。这时金属丝扭转的角度可以从小平面镜M反射的光点在刻度尺上移动的距离求出，再根据金属丝的扭转力矩跟扭转角度的关系，就可以算出这时的扭转力矩，进而求得m与m'的引力F。他利用扭秤进行了一系列十分仔细的测量，获得引力常量的数值，这一结果与目前的公认值是很接近的，在此后的数十年里竟无人超过

他的测量精度。

在此基础上，卡文迪许计算出地球的密度和质量。卡文迪许的计算结果是：地球质量为5.976×10^{24}千克，也就是60万亿亿吨。不久，太阳的质量也用相同的方法被测量出来，它是地球质量的33万倍，为2×10^{30}千克。

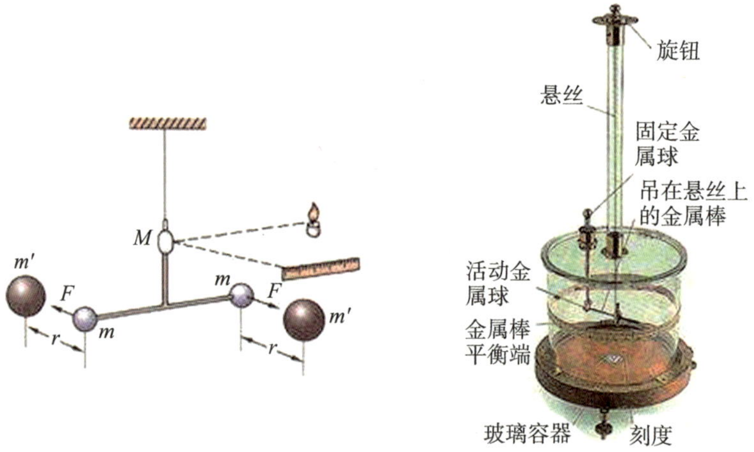

图1–12　卡文迪许扭秤实验示意图

科学实验的学派

什么叫学派？为什么在“科学实验的源与流”这一章里讲学派？简言之，学派就是学问和学术的派别。《辞海》上说，学派是指一门学问中由于学说师承不同而形成的派别。进而，以某一问题为研究对象而形成的具有特色学术传统的一些学术群体，亦称学派。因此，就有了地域性学派、师承性学派、问题性学派之分。中国古代即有学派之现象，比如，先秦诸子百家便是古代的学派，尤以儒、墨、道、法四家体现出的师承性学派特征最为明显。

毕达哥拉斯学派

为什么要选择毕达哥拉斯学派？就自然科学或科学实验而言，说到学派，都绕不开毕达哥拉斯学派。一是因为它是最早的学派；二是它在科学史上影响大。毕达哥拉斯是科学史上最重要的人物之一，他的思想不仅影响了柏拉图，还一直影响到文艺复兴时期的一些哲学家和科学家。

图 1–13　毕达哥拉斯

毕达哥拉斯跟孔子是同时代人，公元前 570 年左右出生于爱奥尼亚地区的萨摩斯——希腊人的城邦之一。毕达哥拉斯年轻时到各地游历，曾经向泰勒斯求学。泰勒斯可不得了，他是西方科学史上第一位自然哲学家、第一位科学家，是西方科学—哲学的开创者。毕达哥拉斯听从泰勒斯的教导，到埃及学习数学和宗教知识，回来后移居意大利南部的克罗顿，并在那里讲学授徒，创立了一个研究哲学、数学和自然科学的学派。该学派的成员多是自然科学家，后来发展成集科学、宗教和政治三者于一身的庞大组织。这个学派认为，宇宙可以用单独一个主要原理加以说明，这就是数；万物皆数，数是万物的本质，整个宇宙是数及其关系的和谐体系。

说“数即万物”显然是荒谬的，但如果说事物所遵循的规律是数学的，那就很有道理了。毕达哥拉斯学派的主要贡献在数学方面。按照毕达哥拉斯学派的划分，算术研究绝对的不连续量，音乐研究相对的不连续量，几何学研究静止的连续量，天文学研究运动的连续量。他们研究发现了三角形数和四边形数的求和规律。在几何学中，他们发现并证明了三角形内角之和为 180°，还发现了

平面可以用等边三角形、正方形和正六边形填满。

毕达哥拉斯学派把数仅理解为正整数，无理数的发现令他们很伤脑筋。据说，有一次毕达哥拉斯学派组织成员在海上游玩时，成员西帕苏斯提出2的平方根不能表示为任何整数之比，其他成员认为他亵渎了老师的学说，竟把他扔到了海里。后来，毕达哥拉斯学派确实认识到2的平方根是一个无理数，并给出了证明。毕达哥拉斯学派在对数学的探索中，不断追求“美”的形式。他们认为，日、月都是球形，悬浮在太空中，是最完美的立体，而圆是最完美的平面图。被誉为“巧妙的比例”的黄金分割也是这个学派首先认识到的。

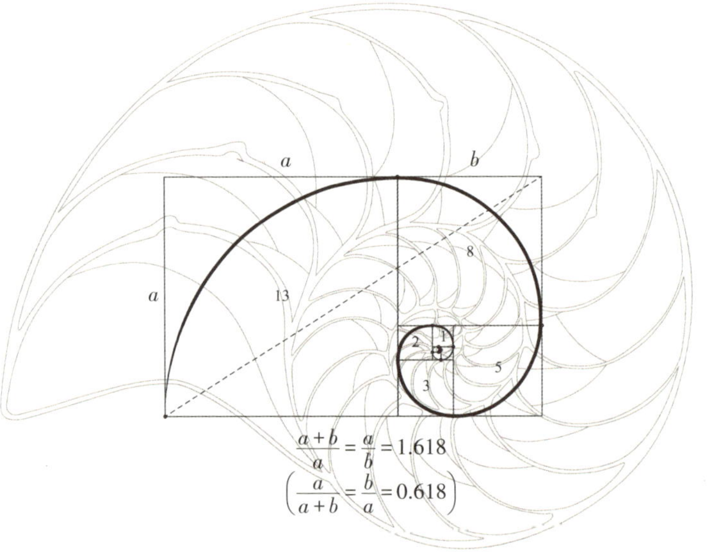

$$\frac{a+b}{a}=\frac{a}{b}=1.618$$

$$\left(\frac{a}{a+b}=\frac{b}{a}=0.618\right)$$

图1–14　黄金分割

在天文学领域，毕达哥拉斯学派奠定了希腊数理天文学的基础。毕达哥拉斯第一次提出了作为一个圆球的地球概念，这在今天看来太简单了，但在2500多年前认识到这一点，却非常了不起。地球概念的提出，打破了“天圆地方、天盖地承、天上地下”这种天地判然有别的观念，使地球成为一个天体之一。从这

个意义上说，哥白尼革命也只是毕达哥拉斯思想的一个延续。

毕达哥拉斯学派的主张和观念曾引起萨摩斯公民的不满，毕达哥拉斯为了避开舆论的抨击，只好离开家乡，逃往希腊的移民区阿佩宁半岛，并定居在克罗托那城，重新建立学派。

哥本哈根学派

哥本哈根学派是20世纪20年代初期形成的。1921年，在著名量子物理学家玻尔的倡议下，哥本哈根大学理论物理研究所成立，由此建立了科学史上著名的哥本哈根学派。一些文献资料上确切地说，哥本哈根学派是玻尔和海森堡于1927年创立的。

说到哥本哈根学派，必须得先说说玻尔。他的全名叫尼尔斯·亨利克·戴维·玻尔（1885—1962），是丹麦物理学家，丹麦皇家科学院院士。1922年获得诺贝尔物理学奖，那一年，玻尔只有37岁。

20世纪20年代，玻尔学识渊博，他的学术造诣和人格魅力使他成了年轻一代物理学家心仪的导师，哥本哈根成为青年物理学家向往的圣地。于是，整

图1–15　诺贝尔奖获得者、丹麦物理学家玻尔

个欧洲物理学界的年轻人纷纷涌向哥本哈根。在哥本哈根大学理论物理研究所聚集了一大批青年精英，在玻尔教授的教导和激励下，十几位世界一流的物理学家在30岁左右就脱颖而出了。玻恩、海森堡、约尔丹、泡利、罗森菲尔德以及苏联的福克和朗道等人，这些诺贝尔奖获得者都出自玻尔的门下。还有一大批物理学家也是吸吮着哥本哈根学派的“乳汁”而成长的，如狄拉克、德布罗意、德拜、考斯特等人。

实际上，哥本哈根学派已经完全突破了“哥本哈根”这一地域概念，它的成员及学术研究具有广泛的国际性。它积极提倡科学上的国际合作，一些世界著名的物理学家都曾在这里工作、学习或讲学、访问。

近百年来，哥本哈根大学理论物理研究所培养了600多名外国学者，其中很多人成了世界著名的科学家，获诺贝尔奖的就有十几人。

哥本哈根学派对量子力学的创立和发展做出了杰出贡献，它对量子力学的解释被称为量子力学的“正统解释”。玻尔本人不仅对早期量子论的发展起过重大作用，而且他的认识论和方法论对量子力学的创建起了推动和指导作用，他提出的著名的“互补原理”是哥本哈根学派的重要支柱。玻尔领导的哥本哈根大学理论物理研究所成了量子理论研究中心，哥本哈根学派也成为当时世界上科研力量最雄厚的物理学派。

哥本哈根学派聚集了那么多物理学精英，取得了辉煌的成就，不仅在于该学派注重理论物理学的探索和创新，还有一个重要原因就是这里有一种闻名于世的“哥本哈根精神”，即谦虚、坦率、热烈、自由、平等的学术讨论和充分的国际合作精神。正是这种优良的精神品德，铸就了世界一流的理论物理学派。该学派坚持从实验事实出发建立理论，并以实验结果检验理论的正确性，因而找到了解决量子力学问题的正确途径，建立了矩阵力学，提出了不确定理论，得出了量子力学的统计解释，为现代物理学的革命建立了卓越功勋。

哥本哈根学派的成就不仅在于其自身成员通过自由、平等的学术讨论和充

分的国际合作取得了许多重大理论成果，还在于他们同以爱因斯坦为代表的科学大师们的尖锐论战。论战的结果还有待于物理学的进一步发展才能澄清，但这种不畏艰难、勇于坚持真理的精神就足以使玻尔和他的哥本哈根学派名载史册。

可以说，由玻尔领导的哥本哈根学派展现了一个典型的科学学派的众多特点：拥有一个魅力型的科学权威，建立良好的研究场所，筹集到足够多的研究资金，把握主流的研究领域，活跃着一大批青年科学家，蕴含独特的精神文化。

在科学史上，学派很多。科学学派作为一种科学现象、一种特殊的科学组织、一种科学文化，对科学的发展和繁荣起着不可替代的作用。进入20世纪下半叶，科学发展速度更快，规模更大，学术交流越来越广泛，“学派意识”有淡化的倾向。

关于学术流派，我就列举上述两个典型的例子。其实，在自然科学领域，学派还有很多，比如，摩尔根学派、费米学派、李比希学派、普里高津学派等。

大多数科学家和科学史研究学者，都对学派持比较严肃的态度，判定和使用都很谨慎，但在科技领域和社会上“学派”一词有时会被随意使用。随便一个科学家带领一个课题组做了一些科研工作，既没有重大的学术建树，又无独特的精神文化，就冠以“某某学派”之名，这是不严肃的。

中国古代科学家对世界科技发展的主要贡献

这是一个很大的题目，我想提纲挈领地做个简要概括。中国作为世界四大文明古国之一，对世界文明做出过重要贡献。古代中国在科技方面的贡献可以概括为四大学科、三大技术。四大学科分别是农、医、天、算；三大技术分别为陶瓷、丝织和建筑。这是古代中国人对世界近代文明的卓越贡献。

早在文艺复兴时期，意大利数学家卡丹就高度赞扬中国人发明了指南针、

印刷术和火药。后来，培根、伏尔泰和马克思等思想家进一步阐释了这三项发明对世界历史进程的重要影响。到19世纪下半叶，来华传教士艾约瑟将造纸术与印刷术、指南针、火药并称为中国的四大卓越发明。但中国古代的重要发明创造远不止于此。李约瑟、坦普尔、金秋鹏、华觉明等专家曾经研究并开列过中国发明创造的清单。2013年，中国科学院自然科学史研究所成立“中国古代重要科技发明创造”研究组，经过全面系统调查研究，集体选出科学发现与创造、技术发明、工程成就三大类88项中国古代重要科技发明创造。

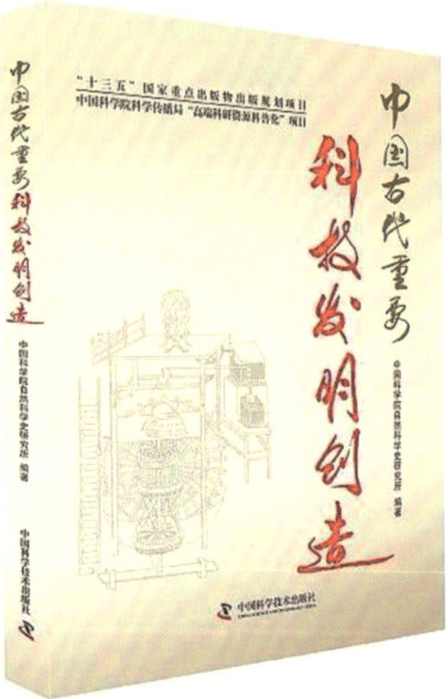

图1–16 《中国古代重要科技发明创造》图书封面

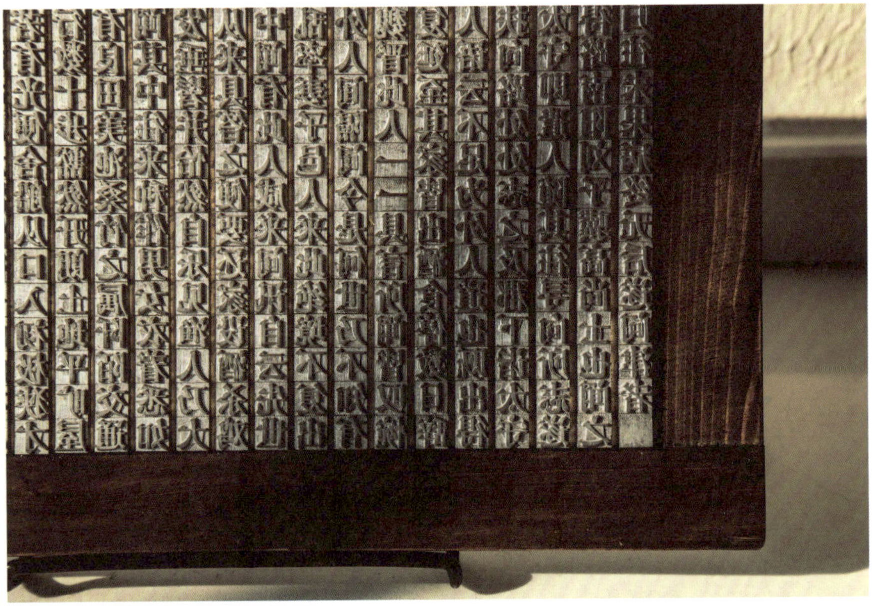

图1–17 活字印刷

中国古代产生了《黄帝内经》《周髀算经》《伤寒论》《齐民要术》《本草纲目》《农政全书》等一大批科学著作，既有经验的总结，又有理论的阐发，还有技术的指导。这是中华民族科学与文化之瑰宝。

中国古代科学理论没有建立类似于西方的逻辑体系，但这并不是说中国传统科学思想中没有逻辑，其实中国传统科学思想中体现了很强的辩证逻辑。首先，中国传统科学思想主要是一种有机唯物论，有很强的辩证色彩。其次，中国古代科技发展模式形成了“实际问题—概念方法——一般理论—实际问题”这样一个循环往复的模式，这使中国古代科学方法具有“勤于观察、善于推类、精于运数、明于求道、重于应用、长于辩证”的特点。

第2章

科学实验的法与规

这本书的主题是科学实验之道，必然会涉及“道法”，这里的道法不是宗教意义上的学说和法度，而是道理和方法。本章章名是“科学实验的法与规”，这里的“规”明确界定为规则、规范。

科学实验的方法

咱们先做点儿铺垫，先说科学方法。科学方法是人们在认识世界和改造世

界的过程中遵循或运用的、符合科学一般原则的各种途径和手段，包括在理论研究、应用研究、开发推广等科学活动过程中采用的思路、程序、规则、技巧和模式。再说科学研究或者科学实验方法，简而言之，就是科技工作者在从事科技活动的过程中使用的方法。这不等于没说吗？其实，这个表述没错，等具体的方法说清楚了，那么，抽象的科学方法的概念就会得到进一步理解了。

科学实验方法包括实验观察方法、科学抽象方法、逻辑思维方法、数理统计分析法、科学评价方法……

图2-1 科学实验

我想就此打住，这样聊下去，很可能你已经不愿意再往下看了，为什么？本是一本课外书，又把读者给拉回学校了，而且这么枯燥，就像北方冬天的树，光剩下树干、树枝了。重不重要？重要，树的主体还在。清不清楚？清楚，一目了然。但是，没有叶子，没有花，没有果实，也就缺少了生机，非专业者中爱看的人恐怕不会很多。

所以，我想把一些比较枯燥的文字和科学家比较生动的实践相结合，来介绍科学实验方法。

哈勃和哈勃空间望远镜的启示

很多朋友接触“哈勃”这两个中文字主要是因为哈勃空间望远镜，它的知名度太高了，“名扬太空”。

哈勃空间望远镜是以著名天文学家爱德文·哈勃来命名，在地球轨道上并且围绕地球设置的太空空间望远镜。它于1990年4月24日在美国肯尼迪航天中心由“发现”号航天飞机成功发射。

哈勃空间望远镜属于光学望远镜。世界各国天文机构的天文望远镜都安装在地面，受到许多限制，包括云层的阻挡和大气的扰动以及光的干扰。而把望远镜放置在地球的大气层之外，影像不会受到大气湍流的扰动，视相度绝佳又没有大气散射造成的背景光，还能观测会被臭氧层吸收的紫外线，因此哈勃空间望远镜的出现是天文史上观测设备的重大创新之一。

图2-2　哈勃空间望远镜

它成功弥补了地面观测的不足，帮助天文学家解决了许多天文学的基本问题，使得人类对天文物理有了更多的认识。此外，哈勃空间望远镜的超深空视场是天文学家目前能获得的最深入、最敏锐的太空光学影像。

2016年3月4日，人类宇宙观测距离纪录再次被哈勃空间望远镜刷新，它成功捕捉到了距离地球达134亿光年的GN－z11星系发出的微光。也就是说，人们现在观测到的是该星系在宇宙大爆炸后4亿年时的样子。

换个角度天地宽，这不仅是科学实验的思维方法，也是社会变革以及工作和生活的方法。

再说哈勃这位科学家。美国天文学家哈勃生于1889年，1924年他利用威尔逊山的大望远镜观察到仙女座大星云，首次发现它实际上是由许多恒星组成的。计算的结果表明仙女座大星云位于70万光年以外，证明了某些星云确实是遥远的星系的一部分。此后十余年，哈勃一直致力于观测河外星云，将人类的视野扩展到5亿光年的范围。可以说，哈勃为宇宙天文学的建立和发展做出了重要贡献。

图2-3　美国天文学家哈勃

20世纪初，美国天文学家斯里弗对涡状星云光谱进行多年研究，发现了谱线红移现象。在斯里弗观测的基础上，哈勃与助手赫马森合作，借助当时口径最大的天文望远镜，对遥远星系的距离与红移进行了大量测量，发现远方星系的谱线均有红移，而且距离越远的星系，红移越大。这个红移就是指从涡状星云发射到地面上来的光的光谱都存在类似红色波段移动的现象。为什么会有

红移？许多天文学家给出了自己的解释，大多数专家都赞同是多普勒效应所致。

哈勃没有仅仅停留在已有的解释上。1929年他通过对已测得距离的20多个星系的统计分析，更进一步发现星系退行的速率与星系距离的比值是一个常量，两者间存在着线性关系，即河外星系和银河系的距离与它的谱线红移测定的视向速度之间存在着一定的比例关系，并从中归纳出一个公式：速度＝常量×（星系之间的）距离。这就是著名的哈勃定律。

这一结论意义深远，因为一直以来，天文学家都认为宇宙是静止的。若认为红移是星系视向运动的多普勒效应造成的，则红移—距离关系表明，距离越远的星系正以越来越大的速度远离我们。运用广义相对论，人们通常把哈勃定律解释为宇宙膨胀的必然结果。

罗素悖论

罗素是个天才。我年轻时就知道罗素这个名字，曾抄录过他的一些名言，比如，“这个世界的问题在于聪明人充满疑惑，而傻子们坚信不疑”。罗素在20

图2-4 英国数学家、文学家、哲学家罗素

世纪20年代初曾来中国讲学一年，在中国很有影响力。1950年，罗素获得诺贝尔文学奖。

其实，罗素不只是文学上的造诣卓越，他还是哲学家、数学家、逻辑学家、历史学家，是分析哲学的主要创始人，世界和平运动的倡导者和组织者。他的全名是伯特兰·阿瑟·威廉·罗素。

作为一位逻辑学家，罗素在数学逻辑方面具有巨大的贡献，他和怀特海共同撰写了《数学原理》一书，被公认为是现代数理逻辑的基础。罗素提出的“罗素悖论”推动了20世纪逻辑学的发展，他所主张的逻辑主义也在一定程度上推动了数学的发展。

19世纪下半叶，德国数学家康托尔创立了著名的集合论。集合论刚产生时，曾遭到许多人的猛烈攻击。但不久，这一开创性成果就为广大数学家所接受，并且获得了广泛而高度的赞誉。数学家们发现，从自然数与康托尔集合论出发可建立起整个数学大厦。因而，集合论成为现代数学的基石。“一切数学成果均可建立在集合论的基础上”，这一发现使数学家们一度为之陶醉。

20世纪初，数学界甚至整个科学界都笼罩在一片喜悦祥和的气氛之中，科学家们普遍认为，数学的系统性和严密性已经达到顶点了，科学大厦已经基本建成。法国大数学家彭迦莱曾在国际数学家大会上公开宣称，“数学的严格性，现在看来可以说是实现了，好像后辈的科学家们只能做一些零敲碎打的事了”。然而好景不长，时隔不到两年，科学界就发生了一件大事，这件大事就是罗素悖论的提出。

1903年，一个震惊数学界的消息传出：集合论是有漏洞的。这就是英国数学家罗素提出的著名的罗素悖论。罗素悖论使集合论产生了危机。罗素悖论浅显易懂，而且所涉及的只是集合论中最基本的东西，所以，它一提出就在当时的数学界与逻辑学界引起了极大震动。德国的著名逻辑学家弗雷格在他关于集合的基础理论之作完稿付印时，收到了罗素关于这一悖论的信。他立刻发

现，自己忙了很久得出的一系列结果被这条悖论搅得一塌糊涂。他只能在自己著作的末尾写道：“一个科学家所碰到的最倒霉的事，莫过于在他的工作即将完成时却发现所干的工作的基础崩溃了。”

罗素悖论的抽象公式就是：如果事件A发生，则推导出非A；非A发生，则推导出A。为了便于读者理解罗素悖论，我们以理发师悖论为例：

在某个城市中有一位理发师，他的广告词是这样写的：“本人的理发技艺十分高超，誉满全城。我将为本城所有不给自己刮脸的人刮脸，我也只给这些人刮脸。我对各位表示热诚欢迎！”来找他刮脸的人络绎不绝，自然都是那些不给自己刮脸的人。可是，有一天，这位理发师从镜子里看见自己的胡子太长了，他本能地抓起了剃刀，你们看他能不能给他自己刮脸呢？如果他不给自己刮脸，他就属于“不给自己刮脸的人”，他就要给自己刮脸；而如果他给自己刮脸，他又属于“给自己刮脸的人”，他就不该给自己刮脸。

爱因斯坦的“追光实验”突破实证科学

阿尔伯特·爱因斯坦，现代最伟大的科学家之一，他提出的相对论物理理论不仅改变了人们的时空观，甚至影响了20世纪人类的宇宙哲学观。

图2-5 爱因斯坦

爱因斯坦使用的思想实验方法不同于现代实证科学的“观察、假设、实验”。爱因斯坦曾说：“在原则上，试图单靠可观察量来建立理论，那是完全错误的。”

爱因斯坦的思想实验方法在当时是不被人理解和接受的，因此，一百多年前当他提出相对论时，几乎遭到整个科技界的嘲

笑和排斥。然而，爱因斯坦思想的巨大现实意义在于用非实证方法得到的理论也是可以描述整个宇宙的。

这里给各位读者朋友介绍的是“爱因斯坦火车”的案例。

理解狭义相对论的关键，是同时性的相对性。爱因斯坦正是通过火车思想实验实现这一目的的。

在火车思想实验中，爱因斯坦设想，有一列很长的火车，正在以一恒定的速度v沿着一直线轨道行驶。该火车的两端分别为A和B，其中间点为M。火车从A向B方向行进(即A为车尾，B为车头)。同时假定，在某一时刻t，与火车处于相同位置的铁轨也存在三点A'、B'和M'(三点分别对应于A、B和M)。A'和B'处分别有灯L_1和L_2，并且L_1和L_2在t时刻同时打开。那么，L_1和L_2的光线到达火车中间点M处(假定在t时刻，M点和M'点是重合的)的时间谁先谁后，还是同时到达？

在这一思想实验中，处于不同参照系中的观察者，“看”到的结果是不一样的。在以铁轨为参照物的坐标系中，站在M'点处的观察者“看”到的结果是显而易见的：因为L_1和L_2到M'点的距离相等，光线传播速度相同，所以L_1和L_2的光线将同时到达M'点。但在以火车为参照物的坐标系中，人们将“看”到一番完全不同的景象：因为火车正在以速度v向前行驶，即当L_1和L_2发出光线时，火车上的A、B、M和铁轨上的A'、B'、M'三点重合，而当光线发出并向前传播时，火车的中间点M同时正在以速度v远离A'点，向着B'点运动。所以，L_1发出的光线到达M点的速度应该是$c-v$，而L_2发出的光线到达M点的速度是$c+v$。结果显然是从B'点的L_2发出的光线将先于A'点的L_1发出的光线到达M点。

事实上，产生这两种不同答案的原因在于两个不同的参照系的设定：以铁轨为参照物的坐标系是一个静止的惯性系，而以火车为参照物的坐标系则是一个处于运动中的惯性系。该实验的最终结论为：在不同的惯性系中具有不同的同时性，即同时性的相对性。

在比较中发现异同——巴斯德的几大科学发现

路易·巴斯德(1822—1895)在世界科学家队伍里知名度相当高。作为19世纪最有成就的科学家之一,他是法国微生物学家、化学家,是近代微生物学的奠基人。像牛顿开创了经典力学一样,巴斯德开辟了微生物领域,他创立了一整套独特的微生物学基本研究方法,将"实践—理论—实践"这一认识模式运用到了极致。巴斯德是一位科学巨人,他不仅是一个理论天才,还非常善于解决实际问题。他一生进行了多项探索性的研究,取得了重大成果,这些成果都与人的生活和健康有关。

这里说说啤酒的案例。法国的啤酒、葡萄酒业在欧洲是很有名的,19世纪中叶时,啤酒、葡萄酒常常会变酸,整桶芳香可口的啤酒、葡萄酒,变成了酸得让人不敢闻的黏液,只得倒掉,这令酒商叫苦不迭,有的甚至因此而破产。1856年,里尔一家酿酒厂厂主请求巴斯德帮助寻找原因,解决葡萄酒变酸的难题。

图2-6　巴斯德在工作中

巴斯德非常注重科学的实际应用,就答应研究这个问题。他在显微镜下仔细观察,通过反复比较发现,未变质的陈年葡萄酒,其液体中有一种圆球状的酵

母菌，而变酸的酒液里则有一根根细棍似的乳酸杆菌。酵母菌产生酒精，乳酸杆菌使酒发酸。他把封闭的酒瓶放在铁篮子里，泡在水里加热到不同的温度，试图既杀死这些乳酸杆菌，又不把葡萄酒煮坏。经过反复多次的试验，他终于找到了一个简便有效的方法：只要把酒放在55℃左右的环境里，保持半小时，就可杀死酒里的乳酸杆菌，这就是著名的“巴斯德杀菌法”，又称低温灭菌法、巴氏消毒法。这个方法经过完善至今仍在使用，市场上出售的消毒牛奶就是用这种办法消毒的。巴氏消毒法在具体应用时，灭菌温度和持续时间之间有一个匹配。其中一种就是将牛奶加热到62℃—65℃，保持30分钟。采用这一方法，可杀死牛奶中各种生长型致病菌，灭菌效率可达97.3%—99.9%。经消毒后残留的只是部分嗜热菌及耐热性菌以及芽孢等，但这些细菌多数是乳酸菌，乳酸菌不但对人无害反而有益健康。

巴斯德发明了巴氏消毒法，并没有申请专利，而是将其公开，他想造福更多的人，而不是自己从中获利。因此，巴斯德被世人称颂为“进入科学王国的最完美无缺的人”。

还有一个案例。19世纪60年代，欧洲大陆的蚕卵都感染了疾病，法国的蚕丝业亦同遭厄运。法国当时3600多个市长、议长及养蚕者上书参议院求助，政府为此专门成立了一个研究蚕病的委员会。巴斯德的老师杜马担任该委员会主席，杜马立即挑选巴斯德去迎战这个棘手的问题。巴斯德自认为对蚕一无所知，甚至连蚕的形态也不清楚，不肯贸然接受老师的差使。但当他想到法国每年因蚕病要损失1亿法郎时，他接下了这一重任。1865年7月，巴斯德抵达养蚕重镇阿拉斯，参与蚕病研究。

病蚕的身上长满棕黑色的斑点，就像沾了一身胡椒粉，法国人称这种病为“胡椒病”。得了病的蚕，有的孵化出来不久就死了，有的挣扎着活了一段时间后也挺不住死了。极少数的蚕结成茧子，可钻出茧的蚕蛾却残缺不全，它们的后代也是病蚕。当地的养蚕人绞尽脑汁，仍然找不到根治蚕病的办法。

巴斯德用显微镜观察，发现了一种很小的、椭圆形的棕色微粒，是它感染到桑蚕和桑叶，使蚕致病的。为了证明“胡椒病”的传染性，巴斯德在桑叶上刷这种致病的微粒，健康的蚕吃了，立刻染上病。他还发现，放在蚕架上面格子里的蚕的病原微生物，能通过落下的蚕粪传染给下面格子里的蚕。巴斯德要求毁掉所有被感染的蚕及被污染的桑叶，用健康的桑蚕从头做起。

巴斯德还发现蚕的另一种疾病——细菌性软化病。造成这种蚕病的细菌寄生在蚕的肠道里，使整条蚕发黑而死，尸体像气囊一样软，很容易腐烂。巴斯德告诉人们消灭蚕病的方法很简单，通过检查淘汰病蛾，遏止病害的蔓延，不用病蛾的卵来孵化蚁蚕。这个办法挽救了法国的养蚕业。

图 2-7　蚕

巴斯德还在预防和治疗狂犬病与炭疽病等疾病方面做出了重大贡献。

为表彰巴斯德的杰出贡献，法国政府于1887年在巴黎建立了巴斯德研究所。起初，该研究所仅作为一个治疗狂犬病和其他传染病的临床中心。到了今天，巴斯德研究所已成为世界著名的生物医学研究中心，其主要方向为抗血清和疫苗的研究与生产。目前，巴斯德研究所已拥有24个分所，一部分在法国本土和其海外领地，其他分布在世界各地。2004年10月，法国总统希拉克访华期间，主持了巴斯德研究所上海分所的揭牌仪式。

科学假说的风险与魅力

“科学假说”四个字中带一个“假”字，不要以为是说假话。科学假说，是人们将认识从已知推向未知，进而变未知为已知的一种至关重要的思维方法，是科学发展的一种重要形式。从一定意义上说，科学理论发展的历史就是假说的形成、发展和假说之间竞争、更迭的历史。科学假说对科学问题的研究常常起着一种不可替代的重要作用。在探求现象之间的因果关系、事物的内部结构及其起源和演化的规律时，一旦有了假说，科学工作者就能根据其要求有计划地设计和进行一系列的观察、实验；而假说得到观察、实验的支持，就会发展成为建立有关科学理论的基础。也就是根据现在的科学基础对未来的世界或者其余的发展做出某一种科学的定义。

恩格斯有一句名言：“只要自然科学在思维着，它的发展形式就是假说。”可见，以假说的方法进行深入探究在自然科学研究中很普遍。

关于科学假说的案例，不胜枚举。有人总结出科学史上十大假说，包括伽莫夫大爆炸宇宙假说、康德天体演化论的星云假说、爱因斯坦狭义相对论假说、伽桑狄热质说、拉瓦锡氧化假说、门捷列夫元素周期律假说、达尔文进化学说、孟德尔遗传因子假说、沃森-克里克DNA双螺旋假说、魏格纳大陆漂移假说。其实不止这些，我这里举另一个例子，它的主人公是瑞典化学家阿伦尼乌斯。

斯万特·奥古斯特·阿伦尼乌斯生于1859年，是瑞典化学家、电离理论的创立者。他解释了溶液中的元素是如何被电解分离的，研究过温度对化学反应速率的影响，得出了著名的阿伦尼乌斯公式。

19世纪中叶后，欧洲化学家们发现了一些奇怪的现象：将溶质溶于溶剂时，有些平时不导电的物质，一旦加入水中，就会神奇般地导电了。

1882年，年轻的阿伦尼乌斯性格倔强，对未知事物的探究又抱有极大兴趣。在导师的鼓励下，他决心探究这些奇怪现象背后的奥秘，还自己设计、制作

图2-8 瑞典化学家阿伦尼乌斯

了一台简单实用的电导测试仪。经过很多次实验，面对一些实验现象，阿伦尼乌斯陷入了深深的思考："纯净的水不导电，纯净的固体食盐也不导电，把食盐溶解到水里，盐水就导电了。水在这里起了什么作用呢？"阿伦尼乌斯决定把这个问题搞清楚。他想起英国科学家法拉第在1833年曾提出的一个观点："只有在通电的条件下，电解质才会分解为带电的离子。""是不是食盐溶解在水里就电离成为氯离子和钠离子了呢？"这在当时是一个非常大胆的设想。

阿伦尼乌斯把自己的实验结果进行了总结，并形成了一些理论观点。

1883年5月，阿伦尼乌斯带着论文回到乌普萨拉大学，就自己总结的一些理论观点，向知名化学教授克莱夫请教，未想到克莱夫对此毫无兴趣，克莱夫的这种态度给了满怀信心的阿伦尼乌斯当头一棒。阿伦尼乌斯意识到，虽然自己的观点和实验数据并没有错，但是要说服乌普萨拉大学那些既保守又挑剔的教授谈何容易。果然，在论文答辩结束时，答辩委员会认为阿伦尼乌斯的论文不是很好，只给了"及格"的成绩，他勉强获得博士学位。

阿伦尼乌斯认为，有的化合物是不导电的，但其水溶液则导电，而且越稀释，导电率越大，这是溶剂——水在起作用。为什么呢？他指出，要解释电解质水溶液在稀释时导电性增强的现象，必须假定电解质在溶液中具有两种不同的形态：非活性的——分子形态，活性的——离子形态。实际上，稀释时电解质的部分分子电离为离子，这是活性的电解质水形态；而另一部分则不变，这是非活

性的形态。当溶液稀释时，活性形态的数量增加，所以溶液导电性增强。

阿伦尼乌斯的这些想法，突破了法拉第的传统观念，提出了电解质自动电离的新观点。但是当时电离学说却不被人理解，特别在瑞典国内几乎没有人支持他，反而遭到冷嘲热讽。国内不行，阿伦尼乌斯只好求助国外的科学家。他找到著名的德国物理学家克劳修斯，克劳修斯年老体弱，对新鲜事物缺乏敏感。他找到当时很有名望的德国化学家迈耶尔，迈耶尔也未予回应。

阿伦尼乌斯为了从理论上阐明自己的研究成果和新的创见，并得到业界的认同，写了两篇论文。第一篇叙述、总结实验测量和计算的结果，题为“电解质的电导率研究”；第二篇则在实验结果的基础上，对水溶液中的物质形态进行理论总结，题为“电解质的化学理论”，专门阐述电离理论的基本思想。阿伦尼乌斯把这两篇论文送到瑞典科学院请求专家们审议。1883年6月，经过瑞典科学院讨论后，这两篇论文被推荐在《皇家科学院论著》杂志上发表。1887年，阿伦尼乌斯提出电解质在水溶液中部分离解成自由离子的阿伦乌尼斯电离学说。

阿伦尼乌斯的电离学说是物理化学领域的重大贡献，也是化学发展史上的重要里程碑。它解释了溶液的许多性质和溶液的渗透压偏差等问题，构筑了物理和化学间的重要桥梁。阿伦尼乌斯还提出活化分子和活化能的概念，导出著名的反应速率公式，即阿伦尼乌斯公式。

1903年，取得卓越成就的阿伦尼乌斯获得诺贝尔化学奖，成为瑞典第一位获此殊荣的科学家。1905年以后，他一直担任瑞典诺贝尔研究所所长，直到生命的最后一刻。

这里要特别强调，假说的命运不都是“一帆风顺”的，有的假说被否定和抛弃，有的假说被完善，有的假说上升为理论。在很多情况下，通过科学实验可以排除不正确的假说，修正、补充、丰富和完善比较正确的假说。还有这样的情况：几种假说暂时并存，一段时间或很长一个历史时期没有定论。

需要强调的是，科学实验对假说的确立、发展和理论的形成起着一种过滤

的作用，科学正是在这种扬弃中发展起来的。

不可忽视的科学直觉思维

我在创新文化的研究中比较系统地接触到科学实验中直觉思维的问题，恍然大悟。以前我一直认为，科学是融观察仔细、逻辑严密、论证深入于一体的理性思维活动，直觉似乎与科学不相容。随着时间的推移，在工作中我常常会遇到这样的情况，对于某件事，脑子里第一时间会产生一个想法或者判断，然后一闪念就过去了，并未在意。后来，或经过仔细研究分析，或得到另外的反馈，证实我当初那个直觉基本是正确的。再后来，看了很多书和科学实验的案例，我才发现：对“直觉”应当刮目相看。

让我们来看看科学大师对直觉的评价。量子力学的创始人普朗克说：“单有逻辑思维是不够的，甚至有大量的、多方面的经验和事实来帮助逻辑思维也是不够的。唯一的办法是直接掌握问题或抓住某种适当的概念。每一种假说

图2-9 创造力与直觉

都是想象力发挥作用的产物，而想象力是通过直觉发挥作用的。”

苏联物理学家福克说得更为直接：“伟大的，以及不仅是伟大的发现，都不是按照逻辑的法则发现的，而都是由猜测得来的，换句话说，都是凭创造性的直觉得来的。”

凯德洛夫在《论直觉》一书中说得更明确，“没有任何一个创造性行为能离开直觉活动”。

诺贝尔奖获得者汤川秀树创作了专论直觉的著作——《创造力与直觉》。

物理学家丁肇中回忆，1972年，他感到很可能存在许多发光的且比较重的粒子，然而理论上并没有预言这些粒子的存在。他直觉没有理由认为这种较重的发光的粒子（简称重光子）一定比质子轻。在这种直觉的驱使下，丁肇中决定研究重光子，终于发现了J粒子，并因此获得了诺贝尔物理学奖。丁肇中被聘为中国科学院外籍院士，他多次来中国访问和讲学，我有幸当面聆听过他精彩的科学报告。

图2–10　诺贝尔物理学奖获得者丁肇中在一次讲学活动中

直觉往往和灵感相伴。直觉是指对一个问题未经逐步分析，仅依据内在的感知便迅速地对问题答案做出判断、猜想、设想、预言；灵感是艺术和科技活动中瞬间产生的富有创造性的突发思维状态。虽然它们在定义表述上有差别，但有时两者很难分清。许多重大的发现都基于直觉。欧几里得几何学的五个公设都基于直觉，从而建立起欧几里得几何学这栋辉煌的“大厦”；哈密顿在散步途中迸发了构造四元素的思维火花；阿基米德在浴室里找到了辨别王冠真假的方法；凯库勒发现苯分子环状结构更是一个直觉思维的成功典范。

在镭元素的原子量被测定出来之前，居里夫人就根据某些矿物存在比铀和钍的放射性强度大得多的现象，直觉地猜测这些矿物中一定含有一种比铀和钍的放射作用强得多的元素，并且以直觉信念郑重提议将此元素命名为“镭”。

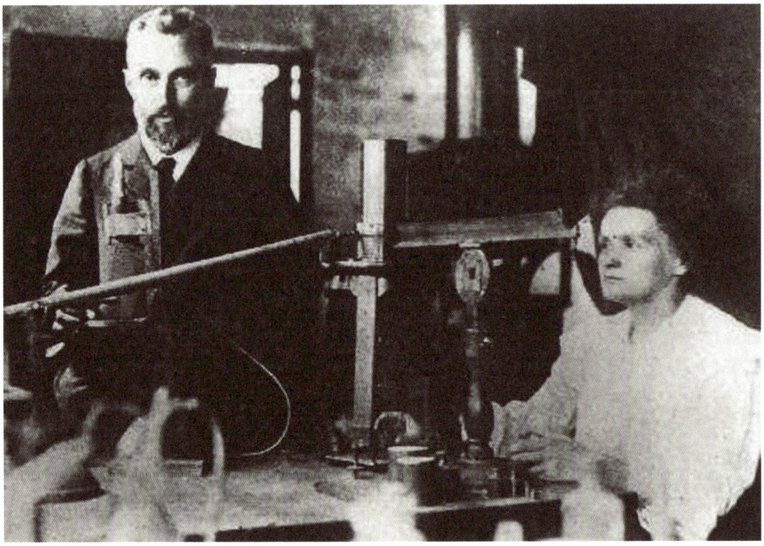

图2-11　居里夫人在实验室做实验

直觉思维不愧为人类的一种优秀的思维方式。直觉思维包括直觉判别、直觉想象、直觉信念、直觉内驱力、直觉审美力等，是非逻辑的或超逻辑的思维，是认识过程的飞跃和渐进性的中断。然而一个人的直觉思维能力并不是与生

俱来的，而是建筑在大量科学实践的经验基础上的，因此，直觉思维能力是完全可以培养的。

分类方法在科学实验中的大量应用

分类在社会生活中处处可见。科学分类方法是科学实验的基本方法之一。分类是指通过比较事物之间的相似性，把具有某些共同点或相似特征的事物归属于一个不确定集合。

分类既是一种科学实验方法，其本身也是一种重要的科研工作。

比如，化学元素分类规律的发展，就大体上经历了三个阶段：第一阶段是18世纪中后期被称为“现代化学之父”的拉瓦锡等人对元素之间联系的探讨，从已掌握的元素表面的性质对元素进行了比较粗糙、不准确的划分。划分出金属元素、非金属元素、能成盐的元素和气态元素。第二阶段是19世纪中后期门捷列夫等人发现、提出的元素周期律，从而使元素的分类进入了本质阶段。第三阶段是20世纪初，柯塞尔对门捷列夫元素周期表的完善，用原子序数代替原子量，提出最终反映元素性质的不是原子量，而是核电荷数。

最典型的分类是植物分类和动物分类。世界上大约有植物40万种，动物150万种，这个数字并不是精确数字。

世界动植物分类学的历史最早应追溯到亚里士多德，他提出按动物的生活方式、行为、习性、身体各部分的特征和生殖特征进行分类，这应该算比较系统了。17世纪，瑞士科学家鲍兴明确用属、种对植物进行划分，按相似性归类。英国博物学家约翰·雷提出将种作为基本分类单位。18世纪，瑞典生物学家林奈提出分类系统的概念，创立动植物双名命名法。19世纪达尔文提出进化论之后，自然分类系统才建立，而达尔文的进化论在很大程度上是以分类学工作为基础的。

20世纪30年代后，分类学有了新的重要发展。50年代以后，在分类学领域

形成了三大分类学派，即分支分类学派、数值分类学派和进化分类学派。

中国植物分类学家吴征镒院士从事植物学研究和教学70余年，是中国植物分类学、植物系统学、植物区系地理学、植物多样性保护以及植物资源研究领域的著名学者。

吴院士发表了140多篇各类论文，定名和参与定名的植物分类群有1766个，涵盖94科334属，是中国发现和命名植物最多的一位植物学家。2008年，他获得2007年度中国国家最高科学技术奖。2011年，国际小行星中心将第175718号小行星永久命名为“吴征镒星”。

图2–12　中国植物学家吴征镒院士

沃森和克里克——互补式组合

DNA双螺旋结构的发现是20世纪最为重大的科学发现之一，和相对论、量子力学一起被誉为20世纪最重要的三大科学发现。DNA双螺旋结构的发现者就是沃森和克里克，这两位科学家在分子生物学上的杰出贡献使他们获得了1962年诺贝尔生理学或医学奖。

沃森是美国生物学家，克里克是英国物理学家、生物学家。两人志同道合，

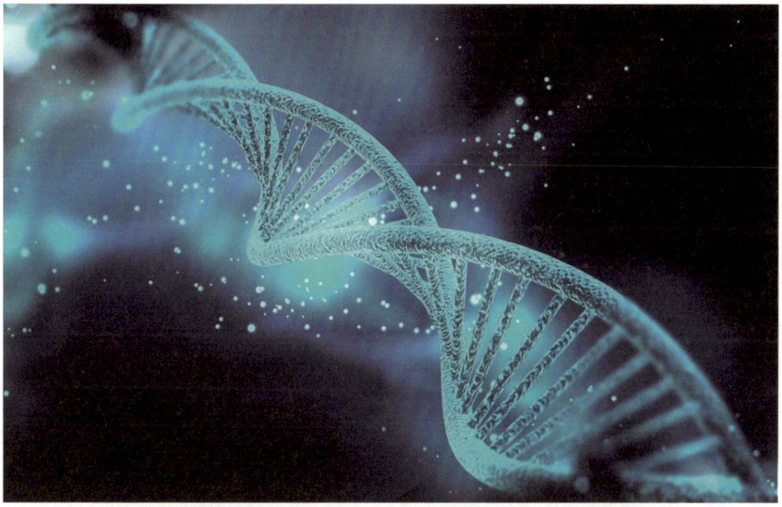

图 2-13　DNA 双螺旋结构

优势互补，珠联璧合，成为科学史上最佳搭档之一，共同开创了分子生物学。

沃森才华横溢、直言不讳，他知识渊博而不迂腐，精力非常旺盛，从学生时代开始就很喜欢打网球，每天都坚持打球。而克里克喜欢大声讲话，无论是在沿着河边散步，还是在酒廊聊天，他都一口气能说好几个小时。

他们俩虽然性格不同，但却是理想的研究伙伴，也是真诚的朋友。克里克患病逝世后，沃森深情地说："我将永远缅怀克里克，记住他高人一筹、专注于一点的智慧，记住他对我的友善和对我树立信心的帮助。"

许多人除了钦佩他们的学识、战略眼光、坚定信念之外，感觉他们的成功还有很多"机缘"。第一，他们都对 DNA 研究有强烈的兴趣和欲望。第二，沃森来到了剑桥大学著名的卡文迪许实验室，这是个绝佳的研究创新环境，从这个实验室里曾"走出"20 多位诺贝尔奖获得者。第三，两个人学科优势互补，沃森精通生物学，克里克长于物理学。

沃森和克里克成功之后，很多人包括他们自己都在思考，为什么与他们同时代的那些比他们起步更早、积累更多，似乎更有机会的科学家已经站在 DNA

的“边”上了，却没有成功呢？不能不说，沃森和克里克的成功在很大程度上得益于他们作为一个整体，有着别人远远不及的优势，他们的合作体现了生物学和物理学的完美结合：沃森有生物学的直觉，他认为生物体偏爱螺旋形结构；克里克则贡献了大量的数学和物理学方面的知识，而这个优势是沃森望尘莫及的。

他们先在理论上达成一个共识：DNA是一种双链螺旋结构。随后沃森和克里克立即行动，在实验室中联手开始搭建DNA双螺旋模型，终于在1953年3月7日，将他们想象中的DNA模型搭建成功了。

图2-14　DNA双螺旋结构的发现者——沃森和克里克

1953年4月25日，克里克和沃森合作在《自然》杂志上发表了一篇题为“核酸的分子结构——DNA的一种可能结构”的论文。他们的论文被誉为“生物学的一个标志，开创了新的时代”。在此基础上，克里克进一步分析DNA在生命活动中的功能和定位，提出了著名的中心法则，由此奠定了整个分子遗传学的基础。

此后，沃森和克里克在学术上都有新的建树，他们著书立说，继续影响世界。

在沃森和克里克之前，英国的哈代和李特尔伍德两位数学家身在异地，通信联系，志同道合，精诚合作30多年，联合发表论文100余篇。合作论文占李特尔伍德一生论文的$\frac{1}{2}$，占哈代一生论文的$\frac{1}{3}$。堪称佳话。

这里把两个人合作研究作为一种科学实验方法加以介绍，其实，这也是一种精神和文化。一个课题组，或者实验室，一个科学团队，大家一起合作，比较普遍。相比之下，两个人合作，共度时艰，共享荣誉，就更难一些。比如杨振宁和李政道早期合作，一起获得诺贝尔物理学奖，之后分道扬镳，令人扼腕。

借助大科学装置开展科学研究

反物质是不是真实存在？夸克能不能再被细分？宇宙中究竟还有没有类似地球的宜居星球？人类能不能控制热核聚变？从亿万光年之外的宇宙星辰，到组成世界的基本粒子，科学发现与技术创新越来越离不开功能强大的科研仪器。科研设备，特别是大科学装置，已经成为现代科学技术诸多领域取得突破的必要条件。

有人统计过100多年来获诺贝尔物理学奖的成果，20世纪50年代以前，只有1项成果是来自大科学装置的。到20世纪70年代以后，就有超过40%的成果来自大科学装置，比如天文望远镜，或者科学卫星、加速器等。到了90年代以后，这个比例高达48%。在科技强国的竞争中，由政府主导的、有组织的定向基础研究突破当中，借助大科学装置所取得的科研成果占比会越来越高。

从国际上来看，发达国家在“二战”以后均投入巨资，建设各类大科学装置，像大家熟知的哈勃空间望远镜、欧洲核子研究组织的大型强子对撞机、美国的引力波实验装置、日本的超级神冈中微子探测器等。这些投资额高达几亿、几

图2-15　射电望远镜

十亿美元的装置，带来了科学上的丰硕回报，包括近年来大家知悉的希格斯粒子的发现、引力波的发现等。同时，这些装置也引领了技术的发展，一个最著名的例子就是欧洲核子研究组织为解决科学家之间的数据共享问题而发明的万维网。

进入21世纪，中国不断增加对大科学装置的研发投入。在建和投入运行的重大科技基础设施总量已接近50个，总体水平基本进入国际先进行列。新建号称“中国天眼”的500米口径球面射电望远镜将在未来二三十年保持世界领先地位，在建设过程中就产生了超过30项自主创新专利成果。这些大科学装置为载人航天、探月工程、新药创制、大型客机研制、核心电子器件研制、高分辨率对地观测等国家重大科技任务提供支撑，取得了四夸克粒子物质发现、重大流行病跨种传播机制等一批原创科技成果，催生出了重离子治疗癌症、低温超导材料规模化制备等一批高新技术，在保障国计民生和国家安全中发挥着不可替代的作用。

欧洲大型强子对撞机是粒子物理科学家用来探索新粒子和微观量化粒子的“新物理”机制设备，是一种将质子加速对撞的高能物理设备。欧洲大型强子

对撞机是现在世界上最大、能量最高的粒子加速器，它坐落于日内瓦附近瑞士和法国的交界侏罗山地下100米深、总长约27千米（含环形隧道）的隧道内。2008年9月10日，该对撞机初次启动进行测试。这是一个国际合作的计划，是全球80多个国家近万名科学家的心血结晶。

图2-16 欧洲大型强子对撞机

2015年4月5日，经过约两年的停机维护和升级后，欧洲大型强子对撞机重新启动，正式开启第二阶段运行，希望探索希格斯玻色子机制、暗物质、反物质等未知领域。

中国建造的上海同步辐射光源是一台高性能的中能第三代同步辐射光源。工程包括三大加速器，分别是一台150兆电子伏的电子直线加速器、一台能在0.5秒内把电子束能量从150兆电子伏提升到3.5吉电子伏的全能量增强器和注入/引出系统、一台周长为432米的3.5吉电子伏高性能电子储存环。上海同步辐射光源工程于2004年12月动工，于2009年4月完成调试并向用户开放。我曾两次到这个装置所在机构参观考察。

截至2019年4月底，通过10年的运行开放，现有15条光束线19个实验站

开放运行，累计为用户提供实验机时超过34万小时，执行的课题近13000个，用户遍布全国各地，包括高校、研究所、医院、公司等共500余家，用户所在的研究组数量达到2778个，实验人员达4万多人次，取得了一系列重要的科技创新研究成果，不仅包括理论研究探索，而且包括应用研究，涵盖了物理、化学、生命科学、材料、能源、环境、地质、考古等多学科领域。用户已发表期刊论文约5000篇。我有幸在现场听取了一些科研人员的介绍，观看了演示，呈现的研究结果令人叹为观止。预计到2022年，上海同步辐射光源将有约35条光束线和60个实验站投入运行。

目前，我国还有一批大科学装置在建和陆续开建。

大科学装置及其基地大部分为基础研究领域，具有高度开放、全球合作、成果共享的特点，是开展高科技、大科学研究的重要手段和方法。

关于科学实验的方法，就给读者朋友们介绍这些，不奢求系统完整、面面俱到，只希望结合一些实际案例，使大家有一些初步的了解和印象。如果你还有进一步深入了解的需求，可参考相关书籍。

科学实验的特点和原则

科学实验的特点

科学发展的步伐越来越快，科学实验活动日益受到社会和人们的重视，影响也越来越大。我们谈论科学实验之道，就必然要了解科学实验的一些特点。

1. 纯化条件——科学实验具有纯化观察对象条件的作用。

自然界的对象和现象处在错综复杂的普遍联系中，其内部又包含着各种各样的因素。因此，任何一个具体的对象，都是多样性的统一。这种情况给人们

带来了认知上的困难，因为通常情况下，对象的特征不是完全“袒露”出来的，某些特性或者被掩盖起来了，或者受到其他因素的干扰，不容易被认知清楚，甚至在通常情况下根本察觉不到。

比如，我们最熟悉的“人”。有多少人会知道：人体的表皮每2—4周会再生一次，一个人每年约有0.7千克的死皮掉落。一个人一生分泌的唾液可以填满两个游泳池，肺里的呼吸膜面积相当于一个网球场那么大，头发合起来能提起两头大象。身体里的血管的总长度可以达到96000千米，相当于绕地球两圈多。至今，关于人的一些问题还没有被完全揭示出来。自然界的其他对象和现象也都相当复杂。

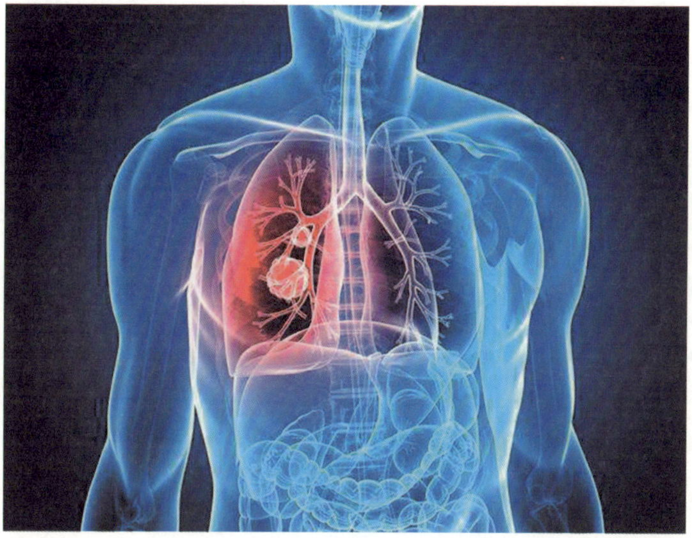

图2-17　人体肺部结构示意图

所以，在科学实验中，纯化条件非常重要。在科学实验中，人们可以利用各种实验手段，对研究对象进行各种的人工变革和控制，使其摆脱各种偶然因素的干扰，这样被研究对象的特性就能以纯粹的本来面目暴露出来，人们就能获得研究对象在通常自然状态下难以被观察到的特性。比如，把有些实验控制在

恒温恒湿条件下进行，以考察其他变量的影响；也有一些实验固定其他条件，单纯改变温度或湿度，来考察在不同温度或湿度条件下的变化和性状。

2. 强化条件——科学实验具有强化观察对象条件的作用。

在科学实验中，人们可以利用各种实验手段，创造出在地球表面自然状态下无法出现的或几乎无法出现的特殊条件，如超高温、超高压、超低温等。在这种强化了的特殊条件下，人们遇到了许多前所未知的、在自然状态下不能或不易遇到的新现象，从而发现了许多具有重大意义的新事实。

比如，1911 年，荷兰莱顿大学的昂内斯意外地发现，将汞冷却到 -268.98℃时，汞的电阻突然消失。后来他又发现许多金属和合金都具有此类在低温下失去电阻的特性，这就是超导现象。昂内斯由于这一发现获得了 1913 年诺贝尔物理学奖。超导研究至今依然是世界物理学研究的热点领域，我国科学家在超导研究的某些领域和工业应用层面已达到国际一流水平。

图2-18 超导现象演示实验

人们能通过一定的实验手段，造成接近绝对零度的超低温，从而使我们能把几乎所有的气体液化。在这种超低温下，人们能发现某些材料具有一些

在常温下所没有的特性。实际上，高温、低温、高压、真空条件下的实验非常多。

2017年9月，由中国科学院物理研究所等单位承担的综合极端条件实验装置在北京市怀柔科学城正式启动建设。该工程拟通过5年左右时间，建成国际上首个集极低温、超高压、强磁场和超快光场等极端条件为一体的装置，极大提升我国在物质科学及相关领域的基础研究与应用基础研究综合实力。

3. 可重复性——科学实验具有可重复的性质。

实验具有可重复性，说明它遵循了这个实验中的必然规律，而不是偶然发生的，因此，遵循客观规律的实验结论也必然是可靠的、科学的。

可重复性包括两个方面：一是实验的样本量足够大，在相同实验条件下要有足够的重复观察次数，以避免实验结果的偶然性，突出其必然规律。二是任何实验结果的可靠性应经得起独立实验重复的考验，重复实验是检查实验结果可靠性的唯一方法。

科学实验的可重复性非常重要，这也是检验科学实验成果真伪的重要标志之一。我国某大学教师的一项基础研究报告在国际一流杂志上发表，由于许多科学家不能按文章提供的条件重复获得这名教师所述结果，从而遭到国内外许多科学家的强烈质疑。最后，这名教师被迫撤回该篇论文。有关方面按照规定取消了该教师所获得的荣誉称号，终止了其团队承担的科研项目，并收回了科研经费和科研绩效奖励，科研工作者须引以为戒。

科学实验的原则

1. 掌握理论——应熟练掌握与实验课题有关的理论和经验。

科学实验是在人为的控制下对研究对象进行研究的一个过程，所以要精心设计实验方案。设计实验方案和进行具体实验，都离不开理论的指导和前人经验的积累。

科学理论是人类认识长期发展的总结，是在实践经验的基础上经过思维加工而形成的、具有严密逻辑结构的学说体系，因此，实践检验是科学理论真理性的标准，也是科学理论产生、发展的源泉和动力。

实验者只有具备必要的理论知识和实验技能，才能对实验中出现的新事物有敏锐的观察力，才能在事物表现超出原来的理论框架时，及时加以捕捉，并发现其本质。

2. 提出假设——应事先提出假说或需要检验的观点、理论等。

实验在科学研究中主要有两种目的：一是探索和发现新现象或新规律；二是检验已有知识或理论的正确性。

3. 精心设计——应精心设计，严密组织。

对所要做的实验，必须精心设计，严密组织，做到心中有数，这样才能使实验的成功率更大。根据一定的理论，结合具体的研究对象，可以采取不同的研究方式。

4. 做好准备——应选择好实验环境，准备好实验工具。

实验环境对于实验的成功与否有很大关系，譬如在对天体进行观察时，要选择天气很好的时候，才能取得理想的效果。

实验工具是实验取得成效很关键的一个方面。它的状况决定着实验能达到的认识水平。大部分科学实验工具可以通过购买得到，但是有一些实验工具需要自己加工制作，研制实验工具也是科研人员必备的能力之一。

5. 保持状态——应保持被试的常规状态。

不论研究对象是自然界中的事物，还是人类自身，为了保持实验结果的客观性，要尽量保持被试的常规状态。通常在常态下，事物或人所表现出来的才是其真实的情况。

6. 控制因素——应能有效地控制影响实验的各种因素。

在实验过程中，要根据研究目的来尽量控制实验中的各种因素。要突出主

要因素，排除次要因素、偶然因素以及其他外界干扰，以便更准确地认识事物的本质规律。

图2–19　超临界萃取实验装置

7. 仔细观察——应仔细观察，尽可能得到精确的数据。

图2–20　仔细观察

关于科学观察我要多讲几句。科学观察是在自然发生或人为设定、干预的状态下，对所要研究的对象进行的有目的、有计划、有选择的感知活动。观察方法是最基本的科学方法，在科学实验中具有十分重要的地位和作用。

在科技史上，经常会有一些重大发现公布之后，一些科学家后悔莫及，因为他们也曾见到过类似现象，但由于未加注意而失去了发现的大好良机。

前面讲过，沃森和克里克两位科学家合作发现了被誉为20世纪最伟大的科学发现之一的DNA双螺旋结构，奠定了分子遗传学的基础，因而双双获得诺贝尔生理学或医学奖。在他们进行DNA研究的同期或稍早一点儿，几位科学家都有发现DNA的机会和可能，但是由于观察不细致、不深入等原因，错过了科学发现的机会。类似的事例在科学研究的历史上屡见不鲜。

8. 反复实验——应从小到大、多次反复进行实验。

一般来说，在做深入的、大规模的实验之前，先要做一些探索性的实验，先简单后复杂，为以后的实验工作积累相关的信息和思路。实验要注意其可重复性，通常一个同样的实验要做若干次，取其平均值，不能挑选最好数据作为实验结果；遇有异常结果，不要轻易忽视，要认真分析查找原因。只有多次重复，才能确保其实验结果的准确性和可靠性。

9. 核对结论——应仔细核对实验后所得出的结论。

实验结束后，要对实验中获得的数据做进一步的加工、整理，从中提取出科学事实或某种规律性的理论。在分析过程中，要利用统计分析的方法，借助计算机等手段来从数据之间的因果关系、起源关系、功能关系、结构关系等多角度、多层次地进行处理。核对中，对于一些可疑现象，哪怕一个细小的问题，都不能轻易放过。

遵守科学道德

科学道德是科学家和科技人员在从事科技实践活动中，用以处理包括人与自然的关系、社会人际关系等的道德原则和规范，也指科学家的人生观、价值

观、理想信念、道德品质和社会责任感。在科学发展的历史进程中，涌现了许多献身科学、刻苦钻研、恪守科学道德、努力拼搏奋进的优秀科学工作者，他们灿若星辰，成为人们心中崇敬的楷模和典范。

图2-21　钱学森

我有幸多次见过钱学森等老一辈科学家，多次聆听过一些优秀科学家的报告，亲身感受到他们待人谦和宽厚，治学却十分严谨的风范。许多科学家不仅是严于律己、唯实求真、品德高尚的学者，还是坚决反对学术不端行为、积极倡导树立良好科学道德的先锋。

自科学事业开创以来，世界各国违反科学道德和伦理的事件时有发生，有些还十分严重，污染了圣洁的科学环境。各国政府部门、科学共同体以及科学家们高度重视，强烈谴责，要求净化科学环境，保护良好的科学生态。这在国际范围内的科学共同体内达成了共识。

世界上第一部著作权法是1709年在英国通过的。20世纪下半叶以来，美国、英国、法国、德国、日本、澳大利亚等许多国家都加大了维护科学道德、反对学术不端行为的力度，建立了国家层面的维护科学道德的组织机构，制定和修订了相关的法规、条例，严肃处理了一些严重违反科学道德的当事人。美国一些科学机构相继编写出版了《怎样当一名科学家》《科研道德：倡导负责行为》《诚实做学问：从大一到教授》《科研伦理入门》等著作，推动了科学道德建设。

中国也高度重视科学道德建设，从20世纪后期开始，中国科学院等学术机构陆续制定了一系列科学道德规范，建立了科学道德建设组织机构。

21世纪以来，中国科学院发布了《关于科学理念的宣言》和《中国科学院关于加强科研行为规范建设的意见》，专门编印了《科研活动道德规范读本》，制定了新的科学道德规范。科技部编发了《科研诚信知识读本》，教育部、中国科协、国家基金委及一些科研机构和大学、学术团体都发布了关于遵守科学道德、反对学术不端行为的文件和具体规定。对于违反科学道德的科技与管理人员进行了严肃处理，对违法者给予了法律制裁。中国科学院编印的《科学与诚信——发人深省的科研不端行为案例》一书，详细介绍了国内外一些学术不端行为及其处理的典型案例。

图2-22 《科学与诚信——发人深省的科研不端行为案例》图书封面

中国有关政府部门和学术机构以及科学共同体认为，科学道德和学术诚信是科技工作者必备的基本素质，树立高尚的道德品质是科技工作者的不懈追求。科技工作者有责任肩负起推动创新驱动发展、建设世界科技强国的历史重任，自觉担当科技报国使命，弘扬敢为人先、求真诚信、拼搏奉献的科学精神，切实加强道德品质修养。

自觉遵守科学道德规范。坚持立德为先、立学为本、知行合一、严于律己，严守学术道德和科技伦理，共同营造风清气正的科研学术环境。秉持创新、求实、协作、奉献的科学精神，潜心研究，淡泊名利，经得起挫折，耐得住寂寞，争当学术优异、学风优良、品德优秀的科技先锋。

国务院于2001年2月发布《国务院关于2000年度国家科学技术奖励的决定》，设立国家最高科学技术奖，授予在当代科学技术前沿取得重大突破或者在

科学技术发展中有卓越建树，在科学技术创新、科学技术成果转化和高技术产业化中创造巨大经济效益或者社会效益的科学技术工作者。该奖每年评选一次，每次获奖者不超过两名，由国家主席签署并颁发荣誉证书、奖章和奖金。截至2019年1月，共有31位杰出科学家获此殊荣。这些杰出的科学家不仅个个都在科技创新中做出了巨大贡献，而且他们人人都是恪守科学道德、品行高尚的楷模。

坚决反对科研数据造假。恪守严格、严肃、严密的科学态度，保证科研数据的客观真实，维护学术的纯洁性。遵循良好的科研实践规范，坚决反对在科学研究中弄虚作假，坚决反对编造、伪造、篡改计算和试验等数据资料、原始记录或研究成果。

坚决反对抄袭、剽窃科研成果。遵守成果署名规范，尊重合作者和他人的劳动及权益，正确、规范引用他人研究成果。强化知识产权保护，保护好自己的知识产权，尊重他人知识产权。反对以任何形式抄袭、剽窃他人的科研成果，反对盗用、侵占他人成果和知识产权。进入21世纪以来，世界各国已严肃查处了一批严重违反科学道德、涉嫌学术不端行为的科技人员。

下面介绍几个违反科学道德，已被严肃处理的典型案例。

案例1 20世纪70年代初，美国发生了萨默林老鼠免疫造假事件，震惊科技界。事情的缘起是美国纽约斯隆-克特林研究所的科学家威廉·萨默林声称，他成功地将黑老鼠的皮移植到了白老鼠身上，似乎找到了不用免疫抑制药物就能避开排异反应的方法。对于器官移植来说，这一发现具有重要意义。1974年，萨默林实验室中一位善于观察的助手注意到，被“移植”了黑老鼠皮的小白鼠背上的黑色斑点能被洗掉，而且整个移植的黑老鼠皮都可以被洗掉，从而揭穿了萨默林的造假行为。原来，他是借助一支黑色的毡制粗头笔才“取得”这一成果的。后来，萨默林承认了一切，被判定犯有行为不端罪。因当时美国刚刚发生总统尼克松窃听的水门事件，轰动世界，萨默林事件被新闻界称为“美国科学界的水门事件”。

案例2 韩国著名生物科学家、曾任首尔大学兽医学院首席教授的黄禹锡在干细胞的研究中"成就卓著",一度令他成为韩国民族英雄,被视为韩国摘下诺贝尔奖的希望之星。然而,2005年12月,他被揭发伪造多项研究成果,令韩国举国哗然,世界惊愕。首尔大学调查结果指出,黄禹锡发表在《科学》杂志上的干细胞研究成果均属子虚乌有。2009年10月,韩国法院裁定,黄禹锡侵吞政府研究经费、非法买卖卵子罪成立,判处其有期徒刑2年,缓刑3年。

案例3 2014年,日本理化学研究所发育生物学中心的小保方晴子作为第一作者发表在《自然》杂志上的两篇"STAP细胞"论文涉嫌造假,理化学研究所立即成立调查委员会展开调查并公布了调查的最终结果,判定小保方晴子存在捏造及篡改实验数据等学术不端行为。小保方晴子在验证实验失败后提出辞职,但日本理化学研究所决定开除其公职,以示惩戒。除此之外,她还要退还科研经费、人工费以及验证实验费等费用。小保方晴子的导师,亦是小保方晴子发表在《自然》杂志上两篇文章的共同作者笹井芳树因此事上吊自杀身亡。

案例4 2003年2月,上海交通大学微电子学院院长陈进教授"发明"的"汉芯一号"被举报涉嫌造假。随后,科技部、教育部和上海市政府成立专家调查组进行调查。调查结论认为,陈进在负责研制"汉芯"系列芯片过程中存在严重的造假和欺骗行为,以虚假科研成果欺骗了鉴定专家、上海交通大学、研究团队、地方政府和中央有关部委,欺骗了媒体和公众,骗取了国家大量科研经费,酿成轰动全国的科技造假事件。国家发展改革委决定终止执行陈进负责的高技术产业化项目,追缴相关经费。上海交通大学决定撤销陈进上海交通大学微电子学院院长职务,撤销其教授职务任职资格,解除其教授聘用合同。

遵守科学伦理

从事科学实验活动还必须遵守科学伦理，或者称科技伦理。对于社会公众来说，科技伦理是个相对比较陌生的词语，它是指科技创新活动中人与社会、人与自然以及人与人关系的思想和行为准则，它规定了科技工作者及其共同体应恪守的价值观念和行为规范。

近年来，随着克隆技术、基因编辑、人工智能、新能源汽车、新材料、机器人等高技术研发与产业的迅速发展，科技的不确定性及其隐藏的风险日益突出，

图 2–23　新能源车

科学伦理问题引起社会关注。2019 年 3 月召开的十三届全国人大二次会议上，李克强总理在政府工作报告中专门强调要加强科技伦理建设。

科技伦理规范是观念和道德的规范。它要规范什么呢？简单地说，就是从观念和道德层面上规范人们从事科技活动的行为准则，其核心问题是使之不损

害人类的生存条件和生命健康，保障人类的切身利益，促进人类社会的可持续发展。

科技伦理的讨论主要集中在以下几个方面。

图2-24 《现代科技伦理学》图书封面

生命伦理

克隆技术中的生命伦理问题。克隆是无性生殖，是一种低级的生殖方式，人类是通过有性繁殖来孕育下一代的，再用克隆这种原始的生殖方式进行生殖，实际上是一种倒退。治疗性克隆（如家畜的育种、重现濒危动物等）研究应用前景非常宽广。

基因伦理

基因伦理的前瞻研究。学者们强调要在技术伦理的视角和方法外，建立道德哲学的维度。基因伦理的前瞻研究面对三个基本课题：(1)基因技术的伦理学本质，到底是技术革命，还是道德哲学革命？(2)基因伦理的文化反映，到底是提供伦理批评、伦理战略，还是进行道德哲学的准备？(3)基因伦理学的研究视野，到底是常规伦理学，还是发展伦理学？随着基因技术的不断发展，未来的伦理世界、道德世界将呈现自然人—技术人、自然家庭—人工家庭混合共生的过渡形态，道德哲学应当以创造性的价值智慧，卓越地调和与解决这个矛盾。为此，必须进行道德哲学创新的理论准备。

2018年南方科技大学副教授贺建奎的“基因编辑婴儿”试验是违反科学伦

图 2–25　基因伦理

理道德的典型案例。经调查，2016年6月开始，贺建奎私自组织包括境外人员参加的项目团队，蓄意逃避监管，使用安全性、有效性不确切的技术，实施国家明令禁止的以生殖为目的的人类胚胎基因编辑活动。事情经媒体披露后，立即在科技界和社会上引发强烈反响，中国科学院、中国科学技术协会以及122位科学家强烈谴责贺建奎严重违反科学伦理道德的行为。广东省“基因编辑婴儿事件”调查组查明，该事件系南方科技大学副教授贺建奎为追逐个人名利，自筹资金，蓄意逃避监管，私自组织有关人员，实施国家明令禁止的以生殖为目的的人类胚胎基因编辑活动。

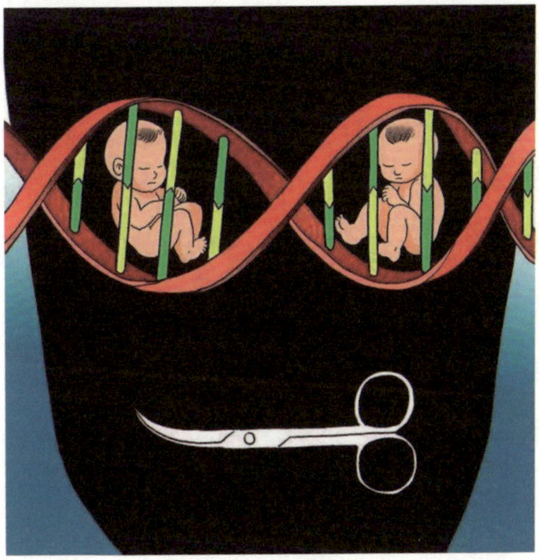

图 2–26　贺建奎“基因编辑婴儿”行为引发社会强烈谴责

2019年1月21日，南方科技大学研究决定解除与贺建奎的劳动合同关系，终止其在校内的一切教学科研活动。2月12日，美国斯坦福大学对该校与贺建奎有关的研究人员进行审查。2019年2月，贺建奎的一篇研究论文被撤稿。

生态伦理

生态伦理问题是个国际性问题。人与自然环境的关系问题，自人类开始出现就已经存在。人既依赖自然而生存，又拥有改变自然的力量，人与自然是相互依存、适应、冲突又和谐的关系。人类若以自然的主人自居，片面地按照自身的主观意志或需求去改造自然，往往会违背客观规律，种下环境恶化、资源枯竭的苦果。

比如，高尔夫球场的建设便在国际上引发了生态伦理问题的讨论。高尔夫球场供少数人享用，但经过一系列严格的科学检测和科学论证表明，它无偿占有并耗用大量水资源，保养草皮使用的多种化学药剂会污染周边地区土壤及水源，环境问题日益凸显，生态系统遭到破坏。因此，一些国家的环保人士、绿色组织抗议修建高尔夫球场。中国前些年高尔夫球场建设曾一度严重失控，引起社会公众强烈不满，政府部门已多次发文要求予以清理整治。

图2–27 《生态伦理小常识》图书封面

近年来，中国政府把生态文明建设放到了极为重要的位置，党的十九大报告中明确指出：建设生态文明是中华民族永续发展的千年大计。必须树立和践行“绿水青山就是金山银山”的理念，

坚持节约资源和保护环境的基本国策,像对待生命一样对待生态环境……随着生态环境管理制度不断完善,国家监管力度不断加大,对破坏生态环境的行为给予严厉查处,对于忽视生态伦理的行为给予强烈谴责,社会公众的生态环境意识明显提高。

新材料伦理

自20世纪90年代纳米产品进入人们生活以来,纳米材料已经应用于大众生活的各个方面,显示出巨大的发展潜力。纳米技术是对大小在100纳米以下的物质进行操作,利用物质在这一尺度上表现出的独特性质来制造新产品。部分计算机芯片、防皱的裤子、DVD播放机、自洁玻璃、防晒霜中的遮光剂等产品,都是应用纳米技术的实例。

但近段时期,纳米技术对人类健康和自然环境的负面影响,成了科学界研究的新课题。在2003年美国化学学会年会上,有3个研究小组分别报告说,纳米材料具有特殊的毒性。美国国家航空航天局太空中心的研究小组发现,向小鼠的肺部喷含有碳纳米管的溶液,碳纳米管会进入小鼠肺泡,并形成肉芽瘤。而用聚四氟乙烯制作的纳米颗粒毒性更强,纽约州罗切斯特大学的研究小组发现,让大鼠在含有这种纳米颗粒的空气中生活15分钟,会导致大多数大鼠在4小时内死亡。研究人员指出,这只是初步结果,还需要做更深入的研究。

美国和英国政府已开始采取行动,加强对纳米技术的管理。英国政府要求皇家学会和皇家工程院考察探索纳米技术的优点与风险,研究纳米技术可能造成的伦理和社会问题,进而把纳米产品对人体健康和环境的潜在危害降到最低限度。中国科学家不仅高度关注纳米技术开发过程中的科学伦理问题,而且研制出了一些纳米防污治污的技术。

中国科学技术大学俞书宏院士课题组通过设计合理的化学和物理回收策略,成功对碲和银纳米晶模板反应制备多种功能纳米材料时产生的碲和银废弃

离子进行了有效回收，并利用其制备了高质量的碲和银纳米线，从而大大降低了以此为模板制备多种功能纳米材料的成本和对环境所造成的危害。

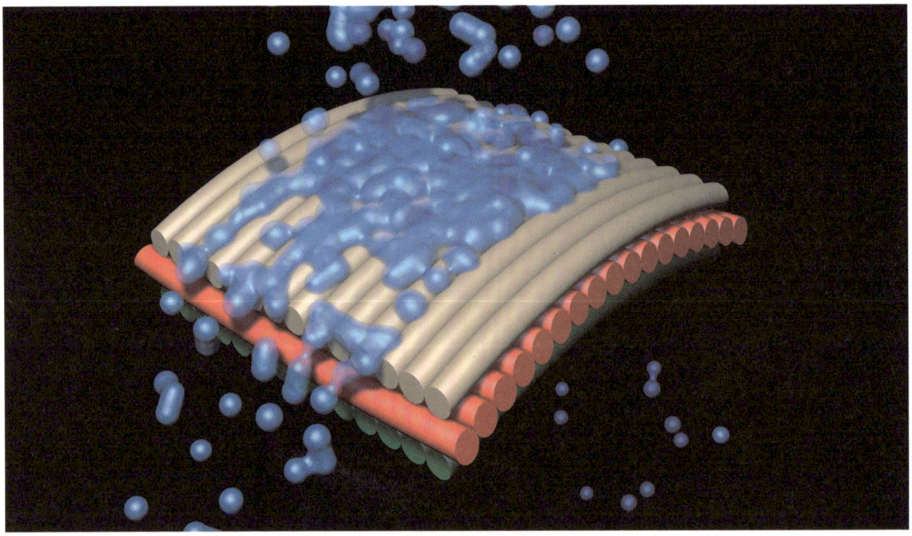

图2-28　纳米材料示意图

开展纳米技术的安全性研究，并不是要限制纳米技术的发展，而是要更科学地发展纳米技术，防止引发人类健康、社会伦理、生态环境、可持续发展等方面的问题。

信息伦理

20世纪90年代以来，以数字技术、多媒体技术和网络技术为代表的现代信息技术推动着人类社会从后工业社会向信息社会迅速转变，导致信息传播在媒介形式、报道方式、受众地位、受众行为等多方面产生了一系列深刻的变革，同时也带来了信息伦理问题。

网络的开放性使得文化和价值观各异的人们参与到网络中来，在网络交往活动中，首先面临的是对个人隐私的挑战。如何保护合法的个人隐私，如何防

止把个人隐私作为谋取经济利益的手段，成为网络时代的主要伦理问题。虚拟与现实之间，一系列新的社会问题，诸如网络犯罪、网络病毒、网络黑客、垃圾邮件、网络安全、信息垄断、网上知识产权，以及利用信息网络进行恐怖活动和发动信息战争，危害社会公共利益和威胁国家安全等随之产生，这些都引发了计算机网络技术与信息伦理的激烈冲突。

信息伦理的特征包括行为约束的自律性，评判标准的模糊性，道德主体的自由性，承受对象的全球性。信息伦理问题的具体表现有信息犯罪、隐私权受扰、知识产权受损、信息垄断、信息安全、信息污染等。信息伦理只是一种软性的社会控制手段，它的实施还要依赖于人们的自主性和自觉性，因此在针对各类性质严重的信息犯罪时，信息伦理规范显得软弱无力。只有进行信息立法，将那些成熟的、共性的伦理规范适时地转化为法律法规，才能构筑信息安全的防线。

2017年6月1日起，《中华人民共和国网络安全法》正式实施。该法明确规定，网络运营者收集、使用个人信息，应当遵循合法、正当、必要的原则，公开收

图2-29 维护网络安全宣传画

集、使用信息的规则，明示收集、使用信息的目的、方式和范围，并经被收集者同意。网络运营者不得收集与其提供的服务无关的个人信息，不得违反法律、行政法规的规定和双方的约定收集、使用个人信息，不得泄露、篡改、毁损其收集的个人信息；未经被收集者同意，不得向他人提供个人信息。网络安全法的实施，为我国信息伦理建设奠定了坚实的基础。

第3章

色彩缤纷的科学实验

轰动世界的克隆绵羊多莉实验

1997年2月27日,《自然》杂志报道了一项震惊世界的研究成果:1996年7月5日,英国罗斯林研究所的伊恩·维尔穆特博士领导一个科研小组,利用克隆技术培育出了一只小母羊。这是世界上第一只用已经分化的成熟的体细胞核(乳腺细胞)通过核移植技术克隆出的羊。这只小羊取名“多莉”。多莉的诞生是科学界克隆研究的一大飞跃。它被《科学》杂志评为1997年世界十大科技进步的第一项。一夜之间,多莉成了蜚声世界的大明星。

首先，我们说说什么是克隆。克隆是指生物体通过体细胞进行的无性繁殖，以及由无性繁殖形成的基因型完全相同的后代个体组成的种群。简单地说，就是无性繁殖，通常是利用生物技术由无性生殖产生与原个体有完全相同基因的个体或种群。

图3-1　维尔穆特博士和克隆羊多莉

多莉的诞生与三只母羊有关。一只是怀孕三个月的芬兰多塞特母绵羊，另两只是苏格兰黑面母绵羊。芬兰多塞特母绵羊提供了核内全套遗传信息，即提供了细胞核；一只苏格兰黑面母绵羊提供无细胞核的卵细胞；另一只苏格兰黑面母绵羊提供羊胚胎的发育环境——子宫，是多莉羊的“生”母。整个克隆过程简述如下：

第一步，从芬兰多塞特母绵羊的乳腺中取出乳腺细胞，将其放入低浓度的营养培养液中，细胞逐渐停止了分裂，此细胞称为供体细胞。第二步，给一只苏格兰黑面母绵羊注射促性腺素，促使它排卵，取出未受精的卵细胞，并立即将其细胞核除去，留下一个无核的卵细胞，此细胞称为受体细胞。第三步，利用电脉冲的方法，使供体细胞和受体细胞发生融合，形成融合细胞，由于电脉冲还可以产生类似于自然受精过程中的一系列反应，使融合细胞也能像受精卵一样进行细胞分裂、分化，从而形成胚胎细胞。第四步，将胚胎细胞转移到另一只苏格兰黑面母绵羊的子宫内，胚胎细胞进一步分化和发育，经过几个月，最后形成一只小绵羊。出生的小绵羊多莉与芬兰多塞特母绵羊具有完全相同的外貌。

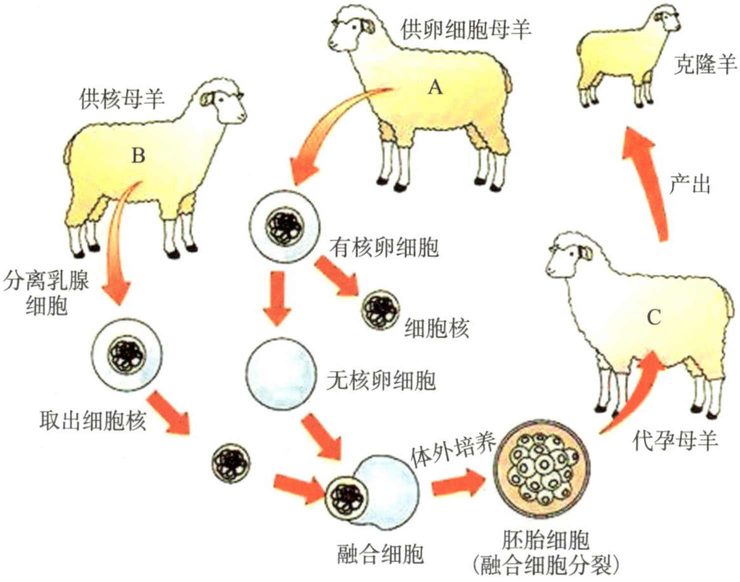

图3-2　克隆羊实验过程示意图

克隆羊多莉的毛是白色的，它的毛色和提供乳腺细胞核的白绵羊的颜色相同，因为它的遗传物质来自白绵羊。经过DNA检测，证实多莉确确实实是提供乳腺细胞核的白绵羊的“复制品”。

克隆羊多莉的诞生至今20多年了，大多数人早已把它忘记了。多莉后来到底怎么样了呢？

2003年2月，兽医检查发现多莉患有严重的进行性肺病，这种病在目前还是不治之症，于是研究人员对它实施了安乐死。多莉的尸体被制成标本，存放在苏格兰国家博物馆。

绵羊的寿命在12年左右，而多莉只活了6岁，它的“英年早逝”再次引起了人们对克隆动物是否存在早衰问题的担忧。首先得搞清一个前提，克隆动物的年龄到底是从0岁开始计算，还是从被克隆动物的年龄开始累积计算，或是从两者之间的某个年龄开始计算？就多莉本身而言，它刚一出生时是6岁还是0

岁或者是中间的某个岁数，这一时还说不清楚。正值壮年的多莉死于肺部感染，而这种病是老年绵羊常患的一种疾病。之前多莉还被查出患有关节炎，这也是老年绵羊常患的一种疾病。

有研究者推测，克隆动物确实存在早衰现象，它们从一出生起身体的衰老程度就类似于被克隆个体，所以它们的寿命被缩短了。就多莉事件而言，其寿命在数字上比较符合这个推测。但是克隆动物是否存在不可避免的早衰问题，还缺乏有力的证据，而且其后的许多克隆实验表明，早衰问题并不普遍。当然，也不排除克隆技术过程中的一些物理化学伤害导致了多莉的健康隐患，使得它容易患病。克隆动物的健康问题十分普遍，就世界各地的报道来看，克隆动物畸形、流产等的概率是相当高的。

图3-3　克隆动物

多莉属于普通患病死亡。关节炎和肺部感染是绵羊的常见疾病，特别是对于室内饲养的绵羊来说患病的可能性更大。总之很难得出一个确切的结论，多莉的死可能反映了克隆动物的普遍规律，也可能只是一个个案。

克隆羊多莉的诞生作为人类历史上的一个重大科学事件，引起了世界轰动，也引起了人们对科学伦理的担忧。英国黑斯廷斯医学伦理研究中心的埃里克·帕伦斯说："只有傻子才不会对此感到震惊，我们对这些科学家取得的成果（指克隆羊多莉实验）感到惶恐不安。"有人认为，克隆动物技术的成功和发展将使人类的伦理道德受到史无前例的最致命的一击。克隆技术如果控制不当，可能会严重破坏生态平衡，也会导致人类疾病的大规模传播。这项技术如果被滥用，甚至可能会成为毁灭人类的武器。

面对这些问题，1997年3月，克隆羊多莉实验成功的消息披露不久，我在《中国科学报》发表长文——《探索科学呼唤理性》，文中写道："人类对新的科学发现和伦理道德的高度敏感和重视，反映了人类正在走向理性的成熟。在未来科学发展的进程中，人类既要相信自己，又要不断反省自己，战胜自己。克隆羊的风波向人类发出了悠长的理性呼唤，长鸣的警钟将伴随我们走向21世纪。"

基因剪刀和基因编辑

近年来，"基因"这个词出现的频率非常高，但说到"基因剪刀"和"基因编辑"，了解的人可能就不多了。

什么叫基因剪刀和基因编辑呢？这得先说说基因。

基因也可以称作遗传因子，它是遗传的物质基础，它携带着遗传信息脱氧核糖核酸（DNA）和核糖核酸（RNA）序列，支持着生命的基本构造和性能，储存着与生命的种族、血型、孕育、生长、凋亡等相关的全部信息。小到病毒，大到高等生物，所有生命的遗传物质都是基因。我们常说的"种瓜得瓜，种豆得豆"，孩子像父母，这都是基因起的作用。

再说基因剪刀和基因编辑。基因剪刀，作为基因编辑技术之一，它可快速且高效地对DNA序列进行修剪、切断、替换或添加，具有精度高、成本低且操作简单的特点。

近些年，基因编辑的研究发展很快，每年都有新的报道。科学家对此极为乐观，他们认为，基因工程即将迎来黄金时代。随着基因编辑技术的长足进步，科学家们将能以前所未有的精度，对各种生物体的DNA做出"微调"。

而就在若干年前，对单个基因的修改还是一个原始、费力甚至徒劳的过程。

如今，科学家开发了名为CRISPR/Cas9的新型基因编辑技术。不同于传统的基因修饰技术，该技术可以驾驭细菌的免疫系统，截断甚至破坏单个基因，然

后在相应位点上插入新的基因。

CRISPR/Cas9基因编辑技术的开发源于科学家发现了一种现象：细菌有一种极强的免疫系统，当外来的病毒感染细菌时，细菌就利用“身体”里的一种酶（Cas9）来切断外来病毒的基因。这样，外来的病毒就不能在细菌的体内繁殖了，把病毒杀死了，细菌就不会得病了。根据这种现象，2013年，美国麻省理工学院的华人科学家张锋发明了一种叫作CRISPR/Cas9的基因编辑技术，形成了一套基因

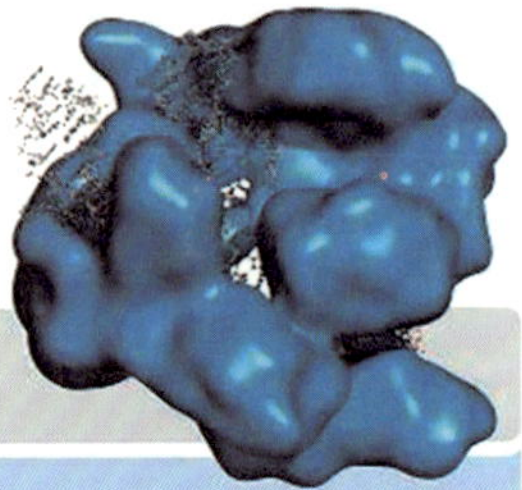

©CRISPR/Cas9基因编辑化脓性链球菌（蓝色）

知识链接

CRISPR是英文Clustered Regularly Interspaced Short Palindromic Repeats的缩写，意为“短回文重复序列”，是细菌体内一种对抗病毒（噬菌体）外来DNA（基因）的防御系统。

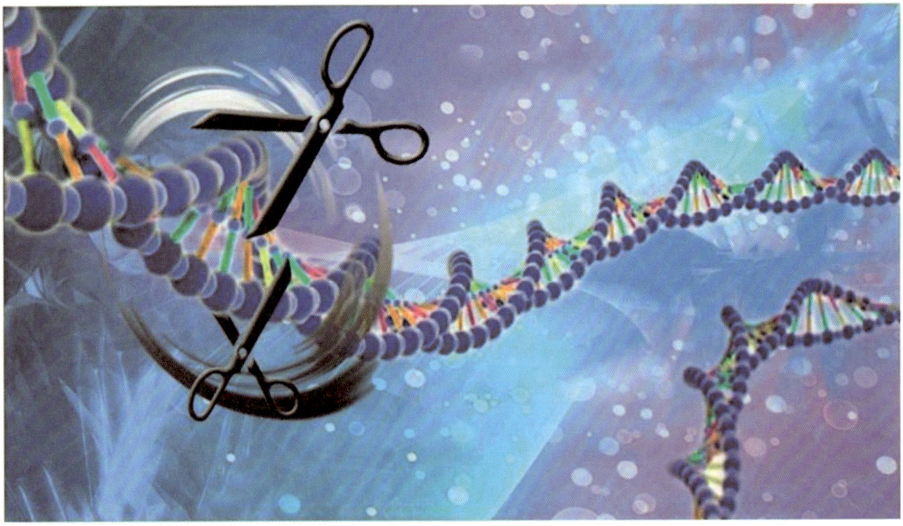

图3-4　CRISPR/Cas9基因定点修饰示意图

编辑系统。这项重大研究成果为基因编辑技术的深入研究和广泛应用奠定了坚实的基础。论文一经公布，立即引起强烈反响，业内人士称他有望冲击诺贝尔奖。

众多科研领域都因CRISPR而改变，科学家们认为，随着细节的进一步厘清，CRISPR有望成为一种异常强大的工具。

英国厄勒姆研究所分子和合成生物学家尼科拉·帕特龙满怀信心地说，很快我们就能探究基因的不同组合形式，控制基因表达的时机、位置及程度，并探究DNA中单个碱基的作用。DNA序列的功用一旦明了，生物学科下各个领域的问题，从治疗人类疾病到解开物种灭绝之谜都能得到解决。

归纳起来，科学家们认为，基因编辑技术将在以下方面发挥作用：

（1）揭开基因各司何职的秘密；

（2）编辑植物基因，改善食品安全；

（3）寻找阿尔茨海默病的潜在疗法；

（4）开发新的癌症疗法；

（5）用植物制造药物和疫苗；

（6）摧毁艾滋病、疱疹及肝炎病毒。

这些不是简单罗列，全世界各国数以千计的实验室纷纷利用CRISPR/Cas9技术广泛地开展各类相关研究和实验，可以说基因编辑的研究热潮此起彼伏。

2014年，美国坦普尔大学神经科学研究院卡迈勒·哈利利教授的团队利用基因编辑技术，首次成功地从人类细胞中彻底清除了潜在的艾滋病毒，向永久治愈艾滋病迈出了重要一步。

2016年，我国四川华西医院肿瘤学家卢铀教授领导的一个研究小组开始进行全球首例人类CRISPR临床试验。具体做法是，将得了肺癌的患者体内免疫细胞中负责编码PD-1蛋白（PD-1蛋白的存在，导致肺癌的发生）的基因用基因剪刀剪掉，然后在实验室里对编辑过的免疫细胞进行大量培养，待达到一定数

量后再输入患者体内以达到治疗目的。

人们不禁要问，基因编辑和转基因的差别何在？有关资料说，通俗地讲，基因编辑就像是对语句的词汇删减、更改次序等，而转基因则相当于对语句的增加。前者不引入外来基因，只是对组成基因的碱基的微调；后者则通过引入原本不具有的基因或者加强/减弱原来具有的基因，从而增加或增强/减弱某种功能。

这里要特别强调，基因编辑技术要慎用，不能误用，更不能滥用。不允许以生殖为目的对人类胚胎或者受精卵进行基因编辑已在业界达成共识。

抗衰老的“时空胶囊”实验

人的寿命是有限的，人到了一定年龄就开始逐渐衰老，这是个常识。关于衰老和抗衰老的问题一直是科学家们非常关注的研究课题。我也看过不少相关的资料，这里只介绍朗格教授设计并实施的著名的“时空胶囊”实验。

艾伦·朗格，1947年生，美国哈佛大学心理学教授。

1979年，在匹兹堡的一个修道院里，朗格教授和学生精心搭建了一个场地——“时空胶囊”。这个地方被布置得与20年前即1959年一模一样。他们邀请了16位老人参与实验，在搭好的“时空胶囊”里待一周。这些老人年龄都在七八十岁，分为两组，每8人一组，其中一组是控制组，另一组是实验组。

这一个星期里，这些老人沉浸在1959年的环境里，他们听20世纪50年代的音乐，看50年代的电影和情景喜剧，读50年代的报纸和杂志，讨论卡斯特罗在古巴的军事行动，谈论美国第一次发射人造卫星。他们都被要求更加积极地生活，比如一起布置餐桌，收拾碗筷。没有人帮他们穿衣服，也没人扶着他们走路。

唯一的区别是，实验组的言行举止必须遵循现在时——他们必须努力让自己生活在1959年，真的把自己当成年轻了20岁，该玩玩该耍耍该闹闹。而

图3-5 实验后在户外活动的老人

控制组用的是过去时——用怀旧的方式谈论和回忆1959年发生的事情，比如“这支曲子让我想到20年前，你第一次找我出去约会是什么样子的”……

实验结果是，两组老人的身体素质都有了明显改善。他们最初都是家人陪着来的，老态龙钟，步履蹒跚。一个星期后，他们的视力、听力、记忆力都有了明显的提高，血压降低了，平均体重增加了3磅，步态、体力和握力也都有了明显的改善。

大家一定非常关心实验组，即“生活在1959年”的老人，他们的进步更加惊人，他们的关节更加柔韧，手脚更加敏捷，在智力测试中得分更高，有几个老人甚至玩起了橄榄球。局外人被请来看他们实验前后的照片，几乎不敢相信自己的眼睛。

大家可能会认为，这个实验好像不是那么严谨。你说对了，这么多年来，尽管该实验被广为传播，但同时也饱受质疑。毕竟，这是一个田野实验，缺乏实验室的严格控制，一个结果可以有很多不同的解释。事实上，直到今天，朗格教授仍然难以清楚地解释，那一个星期里，那些老人的大脑和身体之间到底发生了怎样的交互变化。唯一可以肯定的是，那些老人在心理上相信自己年轻了20岁，于是身体做出了相应的“配合”。为了维持时间感，那些“活在1959年”的老人必须付出更多的“专注力”，即更有意识地“活在当下”，因此他们的改善更明显。虽然不至于返老还童，但这个实验至少证明了，我们生命最后阶段的衰老

并非完全不可逆转。我们经常能看到，一些耄耋之年的老人做出了许多“超常规”行为——马拉松长跑、超长距离游泳、跳高难度芭蕾舞、流畅地进行体操表演，令人叹为观止。

朗格教授认为，衰老是一个被灌输的概念。老年人的虚弱、无助、多病，常常是一种习得性无助，而不完全是必然的生理过程。关于衰老的很多思维定势是经不起推敲的。比如人老了，记忆力一定会随之衰退吗？

脑神经科学的证据显示，一半以上的老年人，其大脑活跃程度与20多岁的年轻人并没有明显的区别。他们在短期记忆力、抽象推理能力以及信息处理速度等方面的能力都不应差于年轻人。那么，到底是什么抑制了他们真实的潜能？

根据朗格教授的分析，这是因为我们身处一个崇拜青春而厌弃老年的社会。年轻的时候，我们想当然地以为自己永远不会老。与此同时，我们固执而轻率地认定衰老和能力减弱有着必然的联系。某天早上我们醒来，惊恐地发现自己已步入老年，这种思维定势往往极具杀伤力。当我们发现自己的记性越来越差时，最现成的解释似乎就是——我们老了，而很少再去寻找其他的可能性，比如也许是我们失去了记忆的动机和意图。

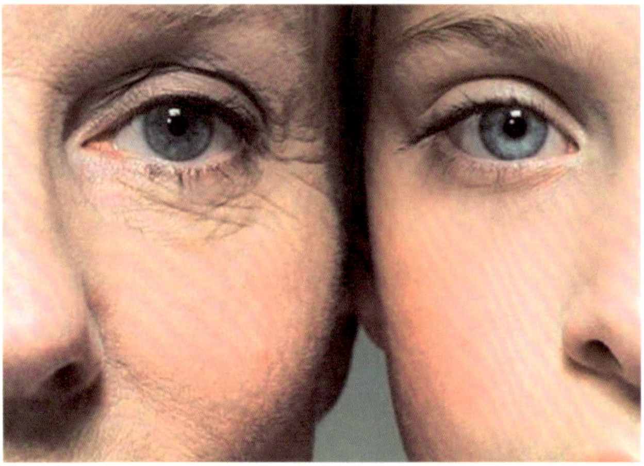

图3-6　衰老与年轻

事实上，很多心理实验都证实，一个人衰老的速度与环境和心理暗示有很大关系。朗格教授热爱网球。年轻的时候，有一次她摔了一跤，结果脚踝骨折，医生说她从此会瘸腿，再也不能打网球了。但现在她双腿健康，仍然在打网球。30多年“可能性心理学”的实践，使这位心理学家将身体和心灵的控制权牢牢掌握在自己手里，度过了一段非凡的岁月。

这里要说的是，关于衰老的研究是一个热门课题，每年都会有许多研究得出一些新的结果。比如，来自德国柏林的科学家进行了一项研究，在解答人类衰老的谜题上又迈进了一步，他们发现衰老细胞的内质网区域会失去氧化动力，造成许多蛋白不能进行正常的折叠修饰，最终无法成为具有正常功能的成熟蛋白，这一发现对于深入理解细胞衰老的过程具有重要意义。大家有兴趣可以查看更多的相关资料。

窥探地球深处的奥秘

说到地球深处的奥秘，人们可能都会不约而同地想到法国著名科幻作家儒勒·凡尔纳的《地心游记》。在这部出版于150多年前的长篇小说里，作者将已有的知识和丰富的想象力巧妙地结合在一起，生动地讲述了黎登布洛克教授带着他的侄子阿克塞尔在地心旅行的故事。他们由冰岛的斯奈菲尔火山口下降，经过三个月的旅行，历尽缺水、迷路、暴风雨等艰难险阻，最后借助岩流的冲击，又从地中海里面西西里北部的斯多伦波利岛上的一个火山口回到了地面。全书以紧凑的笔法，记载了旅途中的艰险经历和地下的种种奇观，故事吸引了全世界无数的读者，中国的读者也非常多。

类似的推测、猜想、传说还很多，比如“地球空心论”。经过测算，地球的现有质量是60万亿亿吨，假如地球内部某些部分不是空的，它的质量应远不止于此。“地球空心论”最早是英国天文学家埃得蒙·哈雷（就是发现哈雷彗星那个大名鼎鼎的哈雷）在1692年提出的大胆设想。他认为地球并不像大家普遍认

为的那样是实心的，而是由多个空心球体套起来组成的。在每一个球体之间的空隙处，就是一个类似于我们生存的地球的环境，那里植物茂密，气候宜人，还有地下城市。在地球的表面处，有一些连通着地心世界的神秘通道，只要能找到这些通道，就能进入神秘的地心世界。当然，也有人设想地球内部存在“地心人”，那里有神奇美妙的地下王国。

一般说法，地球的年龄是46亿年，人类大约有300万年的历史。说实话，别看人类在地球上生存繁衍了这么多年，但对地球内部的了解却非常有限。关于地心的研究不多，原因很简单：一是难度大，因为地球的平均半径有6371千米，内部谁也进不去，研究起来困难超大。二是需要耗费巨大的经费。三是相对地心而言，对太空的研究探索更容易实现，于是，人们把主要精力用于探索太空，且取得了辉煌的成就。

我大致梳理了一下，科学家考察研究地心的实验手段大体上分为这么几种。

一种是利用地震和火山。

一种是通过地壳变迁升至地表的化石来研究。

一种是利用海沟来研究。地球上最深的海沟——位于菲律宾东北的马里亚纳海沟全长2550千米，平均宽度70千米，大部分水深在8000米以上，最深处达11034米。这条海沟的形成据估计已有6000万年。

还有一种就是钻探。这是最直接的办法，而且得到的样品还可以尽情地分析化验。但是，谈何容易！

早在1970年，苏联人就对地球进行了一次超深的钻探，历时20多年，最后他们“挖”到了地下12262米的地方。这是一个惊人的壮举，特别是在当时的技术条件之下，但遗憾的是这个计划最终被废止了。

苏联的这次钻探是在北西伯利亚的科拉半岛进行的，因此这个钻孔就被称为科拉超深钻孔。关于这个计划被废止的原因，后来流传出了很多的说法，其

图3-7　火山

图3-8　地表化石

中之一就是在钻探的过程中科研人员发现钻孔下方传来了哭喊和哀号声，十分恐怖。这种说法当然不太可信，因为一次耗资甚巨的钻探研究不会因为如此荒谬的理由就终止，无论是以当今已知的科学原理来推论还是以当时的科学理论来思考，都应该很容易得出一个结论：这种奇怪的声响如果真实存在，极有可能是因为地底的高压所导致的。

美国加州理工学院的物理学家大卫·斯蒂文森认为，仅靠钻孔来抵达地心的想法是不切实际的。首先，由于科里奥利效应，在距离地面不同深度的地方，地球自转的线速度是不同的，越深的地方，线速度越小，如果朝着地心垂直地深钻下去，最后得到的管道实际上是一条曲线管道，并不是从地面指向地心的直线，所以深度钻探的路径是难以设计的。其次，地核的温度和太阳表面的温度几乎一样高，而且内部的压力每时每刻都会把钻出来的孔填埋，因此，在地球内部开出一个深洞几乎是不可能的。

斯蒂文森是一位具有丰富想象力的科学家，他大胆提出了一个“异想地开”的方案：

在地球某处，用氢弹炸出一条裂缝，然后灌入11万吨铁水（1500℃以上），这些铁水以巨大的重量撕扯开地下的岩石，从而打开一条通向地球内部的道路。然后让数千个柚子大小的探测器乘着灼热铁流顺势而下，探测器内部装有各种先进的感应设备，其中的半导体材料用钻石做成，因而可以承受4000℃的高温。这些探测器将会记录沿途的温度、压力和化学成分。因为无线电波无法穿透这么厚的固态岩石，所有的测量数据将以地震波的形式传向地面，最终被一个敏感的地震仪接收。斯蒂文森预计，这些铁水和探测器将会以每小时16千米的速度向下移动，应该能在一个星期内抵达地核。

实验设想非常棒，但先且不说这需要耗费天文数字的经费，谁敢用氢弹“炸”地球呢？

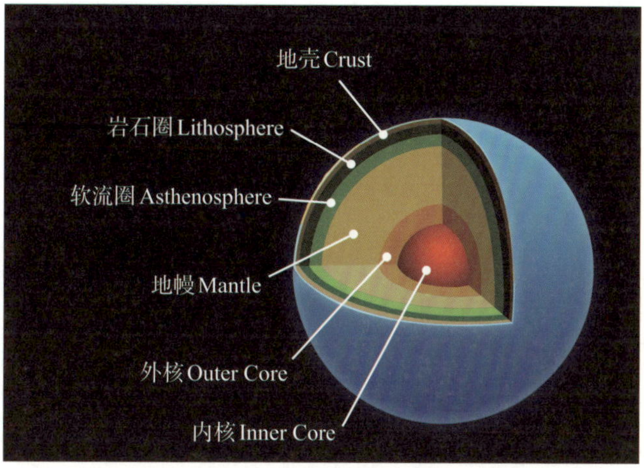

图3–9　地球结构示意图

很多年来，人们在寻找矿产资源的过程中，发明了许多地下窥探的办法，但比较靠谱的大都仅限于“皮肤科”的范围。

2018年4月，我看到一篇报道，介绍了利用中微子来进一步考察研究地球内部的一些重要物质及特性，这是一个崭新的思路。

中微子是一种不带电、质量轻到可以忽略的基本粒子。中微子具有超强的穿透力，可以穿透大质量物体甚至整个宇宙，并在穿透过程中不发生任何改变，因为它们不与被穿透的物体发生相互作用。

比如，进行地球放射性衰变测量的实验。不稳定的原子核会发生衰变，变成质量更小的其他原子核。原子核在衰变时会释放反中微子，基于爱因斯坦的能量守恒定律，减少的质量会以热能的形式释放出来。由于人们对于衰变过程的了解和研究非常熟悉，这样就可以通过检测地球释放出来的中微子数量，来计算出单位时间里地球内部因放射性衰变而产生的热量。已有的研究估计地球的热量大约为47太瓦（10^{12}瓦特），这些热量有多少是来自放射性衰变呢？这就是地球中微子研究需要回答的问题之一。

中微子探测地球的探测器研制和探测实验设计都是比较复杂的。两个最

需要解决的问题，一是探测器的质量要足够大，二是要最大限度地排除天然的和人为的干扰。迄今为止的进展是，人类已经两次探测到了地球中微子存在的迹象。第一次是意大利国家核物理研究所巨石峰实验室开展的实验，第二次是日本神冈矿进行的实验。这两个实验室及其探测器仍在继续收集更多的数据，其他实验项目也在计划和实施之中。需要指出的是，这些实验室及其探测器都建造在地下。毫无疑问，研究和实验需要基本粒子物理学家和地球科学家及其他科学家的通力合作。

图3-10 大亚湾中微子实验装置

地球中微子的发现为探测地球内部的研究提供了新的思路和方法，开辟了一片广阔的新天地，有望解答地球的构造、起源、演变等许多问题，研究也必将辐射到更加广泛的领域。

两项超长的科学实验

完成一项科学实验需要多长时间？答案肯定是依据该实验的具体要求而

定。这不是“外交辞令”，的确如此。每一项科学实验耗时有长有短，最短的科学实验也许眨眼的工夫就完成了，但是耗时最长的实验呢？

澳大利亚昆士兰大学的物理学教授托马斯·帕内尔于1927年开始进行一项超长实验，这就是科学史上有名的沥青滴落实验。

据说，帕内尔教授当初设计实施沥青滴落实验是想向学生证明：一些物质看似固体，但实际上是黏性极高的液体，比如沥青。焦油沥青虽在室温环境下流动速度极为缓慢，但最终会形成一滴。帕内尔的实验表明，沥青平均10年左右滴落一滴，每次滴落的时间间隔不等，实验从一开始到落下9滴沥青花了80多年时间，因为沥青的黏度是水的1000亿倍。该实验的难度不算小，因为每次滴落要被观测到，最好能用高速相机拍摄到。理想的话，能电视直播滴落过程，意义就更大了，能使更多的社会公众对科学产生兴趣。

在这项实验的进行途中，帕内尔教授离世了，继任者是梅因斯顿。梅因斯顿说，沥青的滴落时间取决于在当地平均室温的环境下沥青表面的黏度系数。他同时声称，这个持续近百年的实验并不只是简单地说明“沥青是液体而非固体”。更准确的说法是，沥青是一种具有复杂相态的混合物。

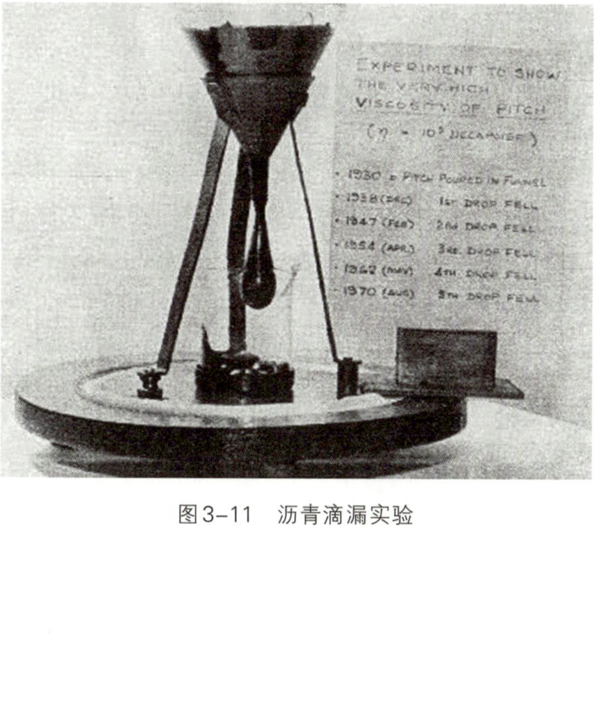

图3-11 沥青滴漏实验

对于实验的未来，梅因斯顿预测说，随着漏斗里剩余的沥青越来越少，沥青滴落的速度也会越来越缓慢。他顶着一头雪白的头发说：“整个实验全部结束，至少还需要100年。”他甚至

已经为自己选好了监护实验装置的“接班人”，一位昆士兰大学物理学院的教授，同时也是梅因斯顿从前的学生。我由衷地钦佩这些科学家以及他们的继任者们的执着精神。

据有关资料报道，类似的超长实验还有：耗时95年的天才成长实验、耗时170年的肥料影响实验、耗时400年的记录太阳黑子实验。

2014年，英国爱丁堡大学的天体生物学教授查尔斯·科克尔和德国航空航天中心的微生物学家拉尔夫·穆勒以及美国康涅狄格大学的生物化学家塞尔罗共同开启了一项长达500年的关于干燥条件下细菌寿命的超长实验。此前，科克尔教授把拟甲色球藻遗忘在了干燥的培养皿中长达10年之久，结果发现这些生命体仍然活着。此外，其他科学家曾经复活了来自118年前罐头肉中的细菌。2000年，在新墨西哥州的古老盐晶体中发现的细菌孢子已有2.5亿年的历史，但是在实验室中，研究人员发现它们还具有活性。

“500年细菌寿命实验”的合作者，微生物学家穆勒认为，这些实验都表明，人类的寿命标准并不适用于地球上的其他生命。想要更深地理解这一问题，设计的实验持续时间需要远远超出人类寿命的长度。

这项跨时500年的实验，实验的方法并不太复杂，准备800个普通的玻璃瓶，玻璃瓶中放入拟甲色球藻或枯草芽孢杆菌，然后用火焰熔化瓶口密封。为什么要这么多玻璃瓶？因为要足够500年中30多次实验使用，每次一项内容的检测不能只有一个样品，通常要有几个平行样品，以排除偶然因素，取得可信数据。另外，为了避免氡辐射或宇宙射线辐射导致细菌DNA损伤，有半数的玻璃瓶额外用铅进行了隔离保护。伦敦自然博物馆还存有一套一样的实验玻璃瓶作为备用。在实验进行的最初25年内每隔一年，科学家们都要来测试这些干燥细菌的生命力和DNA损伤程度。之后的475年里每隔25年测一次，第一批实验数据已经在杂志上发表。

该项实验的难度在于确保有人在未来继续按照计划把实验做下去。实验

团队留下了一个带有实验方法的U盘,但穆勒认为仅靠这个U盘远远不够,因为数字技术很快会被淘汰掉。团队同时留下了一份纸质版复印件,但是500年后,纸恐怕早已泛黄甚至破损了。把它刻在石头或者金属板上更加不现实,甚至可能会被其他人当作历史遗物贩卖。似乎没什么能保证过了500年实验方法还能完整保存,因此研究团队要求研究者们每隔25年复制一份实验方法,以保证其语言表述和存放技术都能跟上时代发展的步伐。

可以想象,到了2514年,如果那时的科学家们还记得这个实验,实验方法还能正常操作,并且爱丁堡大学依然存在的话,会有科学家去那儿打开一个木箱,打碎木箱里的部分玻璃瓶,把里面已经干燥了500年的细菌取出来培养并进行其他测试,看看那些细菌是否还"活着",DNA是否有损伤,损伤的状况如何。

最终揭示研究结果的人无疑是非常幸运的,但是更可敬的是设计开启这项实验的三位科学家,同样可敬的是"沿途"一路坚持传递下来的人们。

契克森米哈赖和他的"心流"

最近,我读了美国著名心理学家米哈里·契克森米哈赖写的一本书——《心流:最优体验心理学》。这本书原版问世于1990年,中文翻译版于2017年推出。

什么是心流?"心流"是指我们在做某些事情时,那种全神贯注、投入忘我的状态——在这种状态下,你甚至感觉不到时间的存在,完成所做的事情之后会有一种充满能量并且非常满足的感受。实际上,它涉及"什么是人的终极幸福"这一命题。

作为一个科学家,怎样用科学的方法来研究一种看似难以测度的心理感受,这是需要精心设计和科学实施的。心理学的一般研究方法包括观察法、实验法、调查法、测验法。

契克森米哈赖教授的思路非常开阔，除了用心理学的一般方法之外，他还引入了物理学中“熵”的概念。熵是热力学中表征物质状态的参量之一，其物理意义是体系混乱程度的度量。在自发过程中，浓度趋于扩散，结构趋于消失，有序趋于无序，无序的量度被称为熵。在生命现象中，太阳能转化成生物能，并从无序发展到有序，被科学家称为“负熵”。

契克森米哈赖借鉴上述思想提出了“精神熵”的概念。他认为，大量的信息对人们意识中的目标和结构造成了威胁，导致内心失去秩序，这就是精神熵。从某种意义上说，契克森米哈赖的心流研究是找到一种“负精神熵”，这是理论上的研究。

清华大学赵昱鲲教授早年在美国宾夕法尼亚大学当研究生时，曾经听过契克森米哈赖的课，后来回国又从事积极心理学的教学与研究工作，他对心流的理解更深了。赵昱鲲认为，契克森米哈赖提出的“精神熵”是个绝妙的比喻。他说，比如在冰里面，水分子相对固定在一个位置附近振动，系统比较稳定，熵值就比较低。变成水以后，分子开始流动，熵值变大。成为水蒸气以后，分子四处乱窜，熵值就更大了。

人类大脑里的念头，就跟分子一样，时刻“万马奔腾”，如果没有很好的节制、训练，大脑就像热锅里的蒸汽一样，各种念头肆意狂奔，内心非常混乱，处于高熵值状态。但是，如果你进入心流状态，那就不一样了。你所有的注意力都集中在当前的任务上，跟此任务无关的念头都被屏蔽了。此时，大脑并不是不运转了，相反，是在高速的运转之中，仿佛有一股洪流浩浩荡荡但是又井然有序，势不可挡但又能从你心所欲，喷涌而出但又不会四处溅落，汇聚成一条水龙，奔腾向前。这就是契克森米哈赖的心流，也就是心理学上的最优体验。

在寻找心流的具体实验中，契克森米哈赖领导的团队采用了心理学研究的调查法和测验法。他们的数据以访谈记录和问卷为主，为了力求准确，他们逐渐发展出一套评估主观体验的新方法——心理体验抽样法（ESM），辅以具体的

测验。该方法是让每一位受测者佩戴一个电子呼叫器，呼叫器由一台无线电发射机控制，每天不定时地发出8次讯号，为期一周。受测者接到讯号，就立即记下当时的感觉和心情。一周期满后，受测者交回一份流水账似的记录。契克森米哈赖团队共收集到这种人生体验的分析记录超过10万份——大量的样本以保证足够的、具有统计学意义的可靠科学数据。

通过大量的调查和测验数据分析，契克森米哈赖发现了受测者对自己在某一时刻进入心流状态的描述，他们感觉到内心好像有一股洪流出现，使人感觉愉快、忘我、享受、幸福。进而，契克森米哈赖及其团队成员在调查中得出，具有心流体验的时刻，有54%是在工作时间产生的，18%是在休闲时间里产生的，前者远远高于后者。

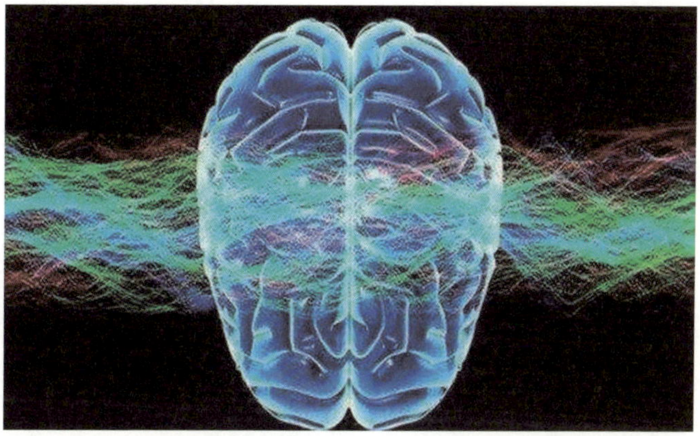

图3-12　大脑中产生心流状态的示意图

契克森米哈赖在这项实验中运用、剖析了大量的案例。契克森米哈赖在《心流：最优体验心理学》一书中列举了东、西方两个劳动者在劳动中获得心流体验的事例。其中之一就是我们中国人耳熟能详的庖丁解牛。

很多人都知道，庖丁解牛这个寓言故事出自《庄子·内篇·养生主》。说有一个名叫丁的厨师替梁惠王宰牛，他的手所接触的地方，肩所靠着的地方，脚所踩着的地方，膝所顶着的地方，都发出皮骨相离声，将刀子刺进去时响声更大，这些声音没有不合乎音律的。它竟然同《桑林》《经首》两首乐曲伴奏的舞蹈节奏合拍。

梁惠王说："好啊！你的技术怎么会高明到这种程度呢？"

丁答曰:“臣下所探究的是事物的规律,这已经超过了对于宰牛技术的追求。当初我刚开始宰牛的时候,对于牛体的结构还不了解,看见的只是整头的牛。三年之后,见到的是牛的内部肌理、筋骨,再也看不见整头的牛了。现在宰牛的时候,我只是用精神去接触牛的身体就可以了,而不必用眼睛去看,就像视觉停止活动了而全凭精神意愿在活动。顺着牛体的肌理结构,劈开筋骨间大的空隙,沿着骨节间的空穴使刀,都是依顺着牛体本来的结构。宰牛的刀从来没有碰过经络相连的地方、紧附在骨头上的肌肉和肌肉聚结的地方,更何况股部的大骨呢?”

契克森米哈赖认为,庖丁解牛的体验是典型的心流体验。

诚如契克森米哈赖所言,其实,何止是庖丁解牛,在浩如烟海的人群中,具有心流体验的大有人在。无数的科学家、艺术家、优秀运动员、能工巧匠,都可能是心流的体验者。

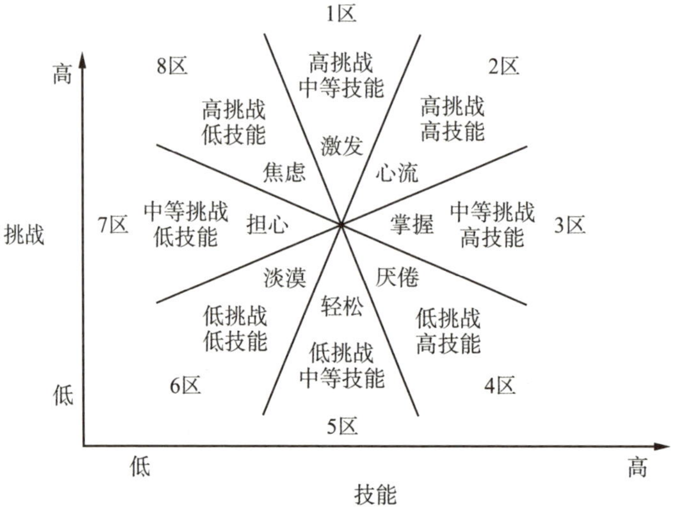

图3-13　情绪坐标里的心流示意图

纳米机器人显示高超医术

早在1959年，理论物理学家理查德·费曼在一次题为“在物质底层有大量的空间”的演讲中就提出了利用微型机器人治病的想法。他将其形象地比喻为“吞下外科医生”。费曼设想，将来人类有可能建造一种分子大小的微型机器，可以把分子甚至单个的原子作为构件在非常细小的空间构建物质，这意味着人类可以在最底层空间制造任何东西。从分子和原子着手改变和组织分子是化学家和生物学家一直想达到的目标。这将使生产程序变得非常简单，只需将获取到的大量的分子进行重新组合，就可形成有用的物体。

进入21世纪以来，纳米机器人的研究进展使费曼的设想逐渐变成了现实。

在科技迅猛发展的今天，“纳米”一词几乎是家喻户晓，连卖鞋垫的都称自己的产品是纳米鞋垫。当然这里有真正的纳米技术的运用，也不乏以纳米做噱头推销产品。

什么是纳米？1纳米就是0.000001毫米，大约相当于五万分之一根头发的直径大小。纳米技术就是研究结构尺寸在1—100纳米范围内材料的性质和应用。自20世纪90年代以来，纳米科学的研究与应用发展非常迅猛。纳米技术的发展带动了与纳米相关的很多新兴学科，有纳米医学、纳米化学、纳米电子学、纳米材料学、纳米生物学等。全世界的科学家都知道纳米技术对科技发展的重要性，所以世界各国都不惜花重金发展纳米技术，力图抢占纳米科技领域的战略高地。目前，我国在纳米材料学领域的研究处于世界领先地位。

再说纳米机器人，它是机器人工程学的一种新兴科技，纳米机器人的研制属于分子纳米技术的范畴，它以分子水平的生物学原理为设计原型，设计制造可对纳米空间进行操作的功能分子器件。

医学领域是纳米技术研发应用的重要突破口。2018年3月，我看到这样一则令人振奋的报道：中国科学院国家纳米科学中心研究员聂广军、丁宝全和中

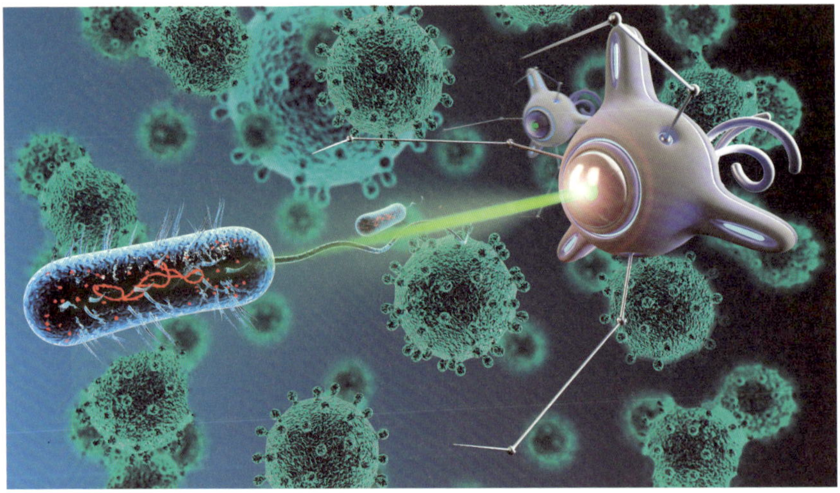

图3-14　纳米机器人示意图

国科学院院士赵宇亮课题组与美国亚利桑那州立大学颜灏课题组合作，在医学纳米机器人治疗恶性肿瘤研究方面取得重要进展。

众所周知，恶性肿瘤是危害人类健康的一大杀手。肿瘤的血管系统与肿瘤的生长、侵袭及转移密切相关。通过阻塞肿瘤血管的营养和氧气输运从而“饿死”肿瘤的治疗思路，目前已广泛应用于肝癌等恶性肿瘤的物理介入治疗。但是，该方法在疗效和安全性方面仍存在较大局限性。如果将凝血酶作为特定的“货物”装载在纳米机器内部，定向运输并精确释放至肿瘤血管，诱导凝血产生血栓，就可以通过栓塞肿瘤达到高效抑制肿瘤生长和转移的目的。

根据该设想，国家纳米科学中心团队开发了基于超分子自组装的DNA纳米机器人，用于活体运输凝血酶。利用DNA折纸术构建智能化的分子机器，通过自组装将“货物”——凝血酶包裹在分子机器的内部空腔，使其与外界物质隔绝而处于非活性状态；分子机器两端装载有“雷达”——核酸适配体，提供靶向识别和定位功能；当DNA纳米机器人到达肿瘤血管时，纳米机器上的“锁”从闭合状态变为开启状态，整个纳米机器由管状结构打开变为平面结构，暴露出内

部装载的“货物”进而实现诱导栓塞的功能。

细胞和活体水平的验证结果显示，这种DNA纳米机器人可以实现凝血酶在活体内的精准运输和定点栓塞，对包括乳腺原位肿瘤、黑色素瘤、卵巢皮下移植瘤和原发肺部肿瘤在内的多种肿瘤都有良好的治疗效果。由于DNA纳米机器人可以实现精确的肿瘤定位，整个体系有效用量很低；同时，DNA纳米机器人还有极好的识别响应功能，仅在肿瘤血管标志物存在时才启动活化凝血酶，这些性质保证了装载有凝血酶的DNA纳米机器人具有极高的特异性。并且，DNA纳米机器人在小鼠模型和迷你猪模型上都表现出良好的安全性。

这项研究成果发表在国际学术期刊上，专业性、学术性很强，其具体的方法无法在这里详尽准确地描述。我对其做了简单梳理，发现有关这项研究的方法至少包括以下几个要素：第一，该团队要有前人包括自己在纳米理论与应用研究方面的大量成果作为基础。第二，深入了解肿瘤治疗方面的关键需求。第三，选定运用纳米技术与凝血酶在活体内的精准运输和定点栓塞这个具体环节。第四，研究确定并设计完成这一环节的核心流程。第五，攻克相关的若干关键技术，比如，利用DNA折纸术构建纳米机器人，系统、准确地定位输送包裹并开启等。第六，具体实验过程的显示、跟踪、记录。第七，实验结果的重复和验证。第八，相关仪器设备的保证，包括计算机的熟练运用。这其中既有现代科学实验的共性，也有纳米机器人技术的特殊性。

这项研究成果还可以扩展为更多的应用，有关专家认为，中国科学家尝试利用医学纳米机器人治疗肿瘤等恶性疾病，这种新颖的纳米机器人将改变人们对药物输运的传统观念，为更有效地治疗肿瘤提供全新策略。比如，有望为肿瘤血供阻断治疗策略提供一种高效低毒的药物新剂型。该DNA纳米机器人具备强大的活体运输和响应识别功能，用作智能化的给药平台，进行多种药物的联合高效递送，有望对传统难以成药的物质（如毒素、蛇毒蛋白等）实现有效包载和智能递送，进而推动全新抗肿瘤药物的开发，在纳米药物及其领域具有广

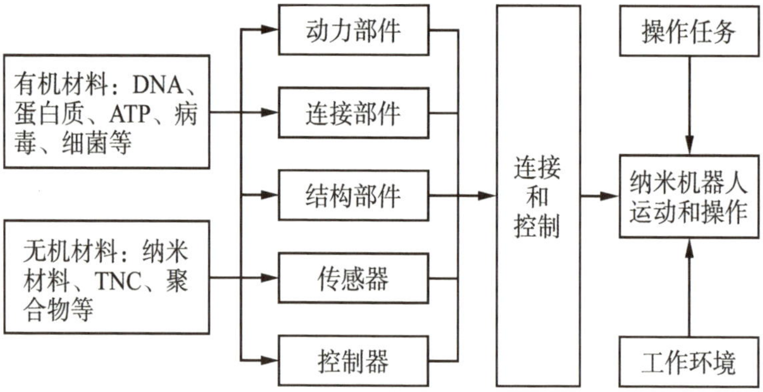

图3-15 纳米机器人设计制造结构示意图

阔的应用前景。

当然，纳米机器人技术的应用远不止医学领域，在其他领域还有非常广泛的应用。

引领材料界"文艺复兴"的DNA折纸术

提起DNA，相信大家一定都不陌生，它是脱氧核糖核酸的简称，作为生命遗传信息的储存物质广泛存在于生物体内。

2006年，保罗·罗斯蒙德首次提出一种全新的DNA自组装方法——DNA折纸术。所谓DNA折纸术，就是利用DNA分子的特殊结构和碱基互补配对规则，将天然DNA长链的特定区域进行折叠，并用短链加以固定，构造出预期的结构。

在用DNA制作各种图样时，先借助纳米仪器，绘制折叠后的形状，然后用折叠的DNA长链将该形状填满。而DNA短链就是固定折叠的DNA长链的"图钉"，有了它们，DNA长链组成的图形才不会散开。用计算机计算出作品所需DNA短链的数量后，将这些DNA短链"钉"在长链构成的支架上。然后将DNA长链和短链一起放入一种碱性溶液中加热，它们就会自动结合在一起，组合成

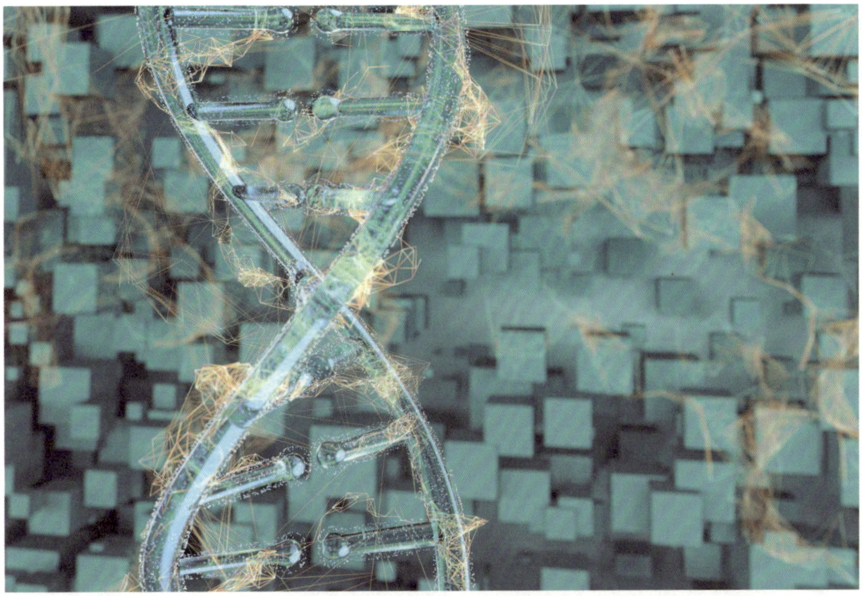

图3-16　DNA折纸术结构

人们想要的图案。全过程可预先在电脑中设置，设置后DNA链将自动组建。简单的升温或者降温，实现DNA纳米设备在不同结构状态之间切换，被证明尤为可靠。

加州理工学院生物工程系钱璐璐教授课题组用DNA折纸术打造出了一幅宽度仅100纳米的《蒙娜丽莎》，完全是分子级别。

图3-17　用DNA折纸术绘制出世界上最小的《蒙娜丽莎》画作

首先，研究人员把这幅画切割成若干个正方形，然后对正方形的边界进行特殊编码，使某一正方形边界的碱基对应特定正方形边界的碱基，这些正方形会通过边界的对应关系识别出彼此，随后自动成组，最终形成一幅完整的《蒙娜丽莎》。

随着研究的不断深入，DNA 折纸术结构的尺寸和稳定性得到了明显的改善，DNA 折纸术得到的纳米结构可以作为单分子反应的平台，也可以作为功能纳米粒子、生物分子、量子点组装的模板。

2012 年，科学家采用三角形或管状 DNA 折纸术结构作为抗癌药物载体，显著降低了癌细胞的耐药性。这说明 DNA 折纸术结构作为药物的载体，在相关疾病监测和治疗方面有着特殊的优势。

对于生物学家和医药工作者而言，尝试以 DNA 作为药物递送材料有很多显而易见的好处。

首先，与其他被尝试用作药物载体的常见金属纳米材料和聚合物材料相比，DNA 自身对人体无毒性。人们的日常饮食里面就含有大量来自其他动植物的 DNA，这些外源 DNA 在人体内最终被降解和重新吸收利用，不会对人自身的基因产生影响。

其次，科学家发现，DNA 分子被折叠成致密且具有一定刚性的纳米结构之后，会变得比线性的单、双链 DNA 更容易被活细胞摄取。通常情况下，细胞膜带负电荷，而 DNA 分子也带负电荷，两者间的静电斥力使得细胞不易吸收 DNA 分子。传统的生物技术通常要借助带有大量正电荷的阳离子转染试剂，才能将 DNA 分子送入细胞内，但是这些试剂往往具有明显的细胞毒性，大大限制了它们在生物医学领域中的应用；而 DNA 纳米结构能被细胞主动摄取，这可能是因为 DNA 纳米结构与病毒颗粒具有类似的形态，由此，DNA 纳米结构作为药物载体就能不借助转染试剂而进入细胞发挥作用，更加方便和安全。DNA 纳米结构在生理环境下比线性的单、双链 DNA 更稳定，可维持相对更长的时间不被降解，适于用来保护药物分子，可在药物被降解之前将其送达体内的目标位点。

研究者曾用DNA折纸术结构装载抗肿瘤药物阿霉素。实验结果表明，DNA折纸术结构的存在可以大大增强阿霉素对耐药肿瘤细胞的杀伤作用。并且，由于载体的存在，药物在动物体内的循环时间也明显延长，有利于降低给药剂量和减轻毒副作用。

目前，科学家们运用DNA折纸术已创建了多种结构，静止结构如二维和三维晶体结构、毫微管、多面体和其他任意的造型，功能结构如纳米机器、DNA计算机、药物载体等。药物载体目前应用较多，可以通过打靶式的药物递送，针对病变部位以帮助治疗疾病。

2016年5月25日，《科学》杂志发表了来自麻省理工学院的马克·巴特教授等研究出的全自动化的DNA折纸设计算法，让科学家们不必挨个设计成千上万的碱基对就能得到心仪的DNA框架。有了这种可以随意构成各种形状的DNA框架，一种新的用途又应运而生，即将DNA框架应用于纳米材料合成，这将有望投入输送药物、装载像CRISPR这样的基因改造工具以及储存信息等不同应用。

DNA折纸术作为新兴的研究策略，在构造二维和三维纳米组装结构的研究中，将对DNA芯片、纳米原件与材料等领域的研究起到巨大的推进作用。随着DNA折纸术研究的不断深入，其在纳米器件、疾病监测与治疗等诸多领域应用中面对的困难将逐步得到解决。

2016年，在DNA折纸技术发明10周年之际，科学家提出这样的预测：DNA折纸技术将引领材料界的“文艺复兴”。

开启世界新通道——脑机接口

如果有人问当今哪项科学技术最接近科幻，一定会有人回答——脑机接口。

乍一看到“脑机接口”这个词，我眼前一亮，也没深入了解这是个什么概念，

马上就想到，能不能在人脑和计算机之间建立一个“快速通道”，把从小学一年级一直到大学毕业的知识全部存入脑中，就不用再上十几年学了。再多输点英语和其他语种的知识，就能到联合国当个志愿者什么的。

这不是痴人说梦，脑机接口涉及的科学和技术好像就包括这些问题。

脑机接口，有时也称作“大脑端口”或者“脑机融合感知”，它是指在人或动物脑（或者脑细胞的培养物）与外部设备间建立的直接连接通路。在单向脑机接口的情况下，接受计算机或者脑传来的命令，或者发送信号到脑，但不能同时发送和接收信号，而双向脑机接口允许脑和外部设备间进行双向信息交换。

在该定义中，“脑”一词意指有机生命形式的脑或神经系统，“机”意指任何处理或计算的设备，其形式可以从简单电路到硅芯片。

科学家对脑机接口的研究已持续40多年了。20世纪90年代中期以来，该领域从科学实验中获得的相关知识显著增长。在多年来动物实验的实践基础

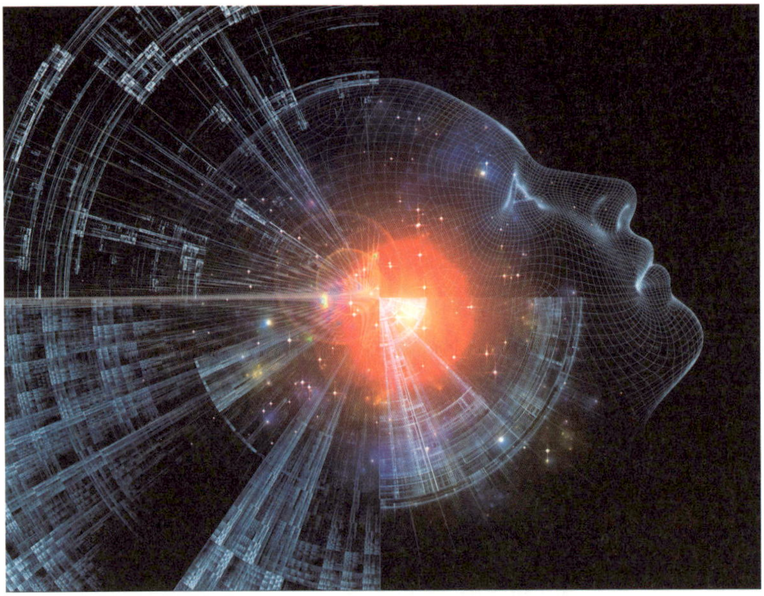

图3-18 脑机接口

上，应用于人体的早期植入设备被设计并制造出来，用于恢复受损的听觉、视觉和肢体运动能力。研究的主线是大脑不同寻常的皮层可塑性，它与脑机接口相适应，可以像自然肢体那样控制植入的假肢。在当前的技术进展之下，脑机接口的研究者们可令人信服地尝试制造出增强人体功能的脑机接口，而不仅仅止于恢复人体的功能。这种技术在以前或许还只存在于科幻小说中。

脑机接口实现的基本原理并不是很复杂，人要完成一个动作首先要在大脑中产生动作意识，在动作执行之前，神经系统的电活动会发生改变，如果通过一定的手段能将这种电活动变化检测出来，则可以作为识别这个动作的特征信号，进而实现对大脑意识的理解。这个过程大体上包括信号采集、信号处理及设备控制三个部分。

信号采集就是利用传感器对大脑的电活动即脑电信号进行采集，采集的方式可以分为非侵入式采集和侵入式采集。非侵入式采集是将检测电极安装在大脑头皮上来记录脑电信号，而侵入式采集需要将检测电极植入大脑的特定区域。

信号处理是脑机接口的关键，它是指通过对脑电信号进行分析，进而识别出相应的动作，包括信号预处理、特征提取、特征信号分类等过程。信号预处理一般是对脑电信号进行滤波操作，以降低干扰。特征提取是将脑电信号中与动作相关的特征如幅值、频率等进行提取，为后面的识别分类做准备。特征信号分类是在特征提取的基础上，确定脑电信号与动作意识的对应关系。

设备控制是在理解了大脑意识之后，产生驱动或操作命令，对相应的设备进行操作，从而达到与外界交互的目的。此外，设备控制的结果也会形成对大脑意识的反馈，根据反馈，可以对动作进行调整。

2017年2月在迪拜举行的世界政府峰会上，特斯拉首席执行官伊隆·马斯克表示，人类需要进化成半机械人，以迎接人工智能时代。他又说，计算机智能和生物智能的融合将帮助人类保持对人工智能的经济竞争力。

不久之后，马斯克创立了名为“Neuralink”的公司，意图在脑机接口领域抢

得先机。他设想的技术手段是将微电极植入大脑，扩充人脑的计算能力。

马斯克的计划远远不止于此，他希望利用脑机接口实现人脑和电脑的双向通信，直接读取人类的思维，越过低效的语言和写作，直接交流思想，从而提高人类的思维能力、记忆能力、决策能力，最终提高人类的智力。马斯克的希望听起来有些疯狂，但是他在谈及这个问题时，是很认真的。

马斯克不是唯一一个认为脑机接口技术浪潮即将到来的人，硅谷现在有越来越多的人进入脑机接口领域开展研究。

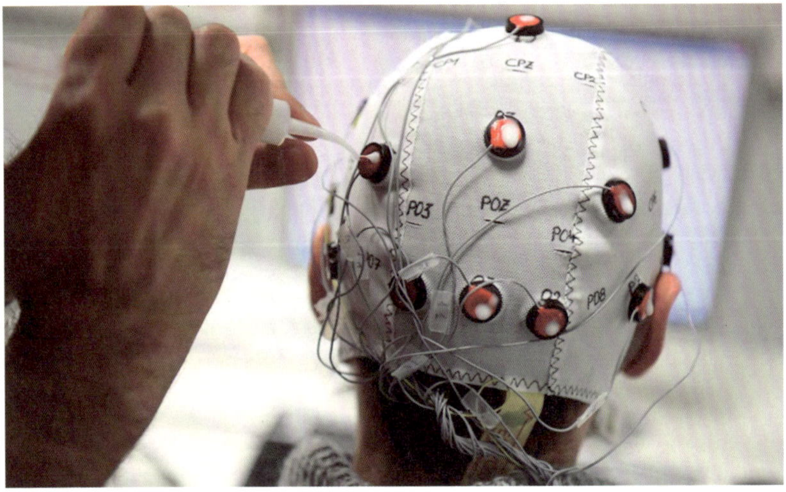

图3-19 非植入式脑机接口试验

2015年，Facebook（脸书）首席执行官马克·扎克伯格表示，人类有一天将能实时共享知觉和情感经历，而不是只在网页上分享图片和视频。该公司已经开始组建神经科学家团队，进行一个尚未公开的视觉效应项目“building8”。

人类最早是从何时开始穿衣服的

人类最早是从什么时候开始穿衣服的？这个问题看起来并不难回答，找到最早的衣服，研究一下它是什么时候的不就成了？乍一看，“人类最早是从什么

时候开始穿衣服的"像是一个考古学问题。

根据人类进化的常识，将树皮、兽皮等材料进行一定的加工创造，固定在人的身体上，才能称为真正意义上的穿衣服。应当说，骨针的出现揭开了人类穿衣史的序幕。

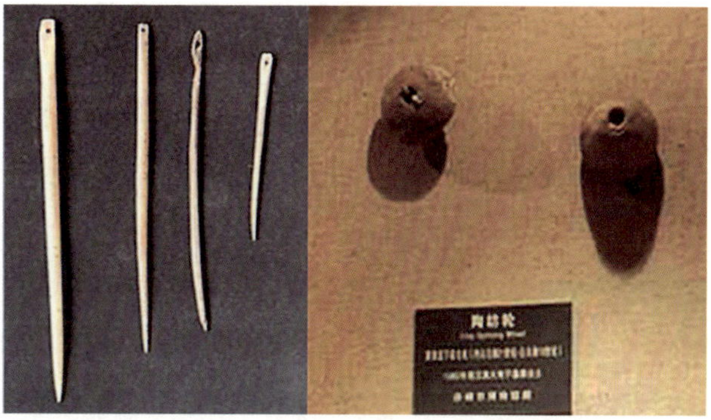

图3-20　周口店山顶洞人遗址中发现了精致的骨针

结合我们了解的考古发现，可以简单梳理一下：

——早在1.8万年前，人类已经学会缝纫技术。

——七千多年前，人类熟练掌握了植物纤维的提取及纺织技术。

——五千多年前，人类掌握了家蚕驯化和养殖技术。

但是如何确定"最早"？这就比较难了。在骨针发明之前，人类会不会用其他工具做衣服？那么怎么知道人类最早是从何时开始穿衣服的呢？科学家用的实验方法有些匪夷所思：研究虱子。

我在一档电视节目中看到科学家利用虱子演化提供线索，来推定人类最早穿衣服的时间。

"虱子"是个啥东西？现在城里的青少年可能都不知道，我小时候，20世纪五六十年代，很多人身上都长着这种小虫子。虱子属于昆虫纲虱目人虱科。虱子大多寄生在陆生哺乳动物身上，少数寄生在海栖哺乳动物身上，人类也常被寄生。虱子不仅吸血危害寄主，而且会使寄主奇痒不安，并传染很多人畜疾病。人虱科的虱子有体虱、头虱和阴虱三个现生物种。体虱和头虱长得比较像，都是腹部比较长，而阴虱则腹部比较短，宽与体长几乎相等。头虱和阴虱起源于一个共同的祖先。

说到这儿，人们也许会问：虱子和穿衣服有何关系呢？

图3-21　猩猩

2007年，佛罗里达大学的大卫·里德博士和他的同事们在研究报告中说，在超过330万年前，虱子从大猩猩身上传到人身上。早期人类浑身上下都有体毛时是不需要穿衣服的，后来在进化过程中，人的体毛越来越少，到了生物学意义上的“现代人”的阶段，体毛就逐渐集中到两个地方，成为头发和阴毛。头发和阴毛成了两个“孤岛”，头虱和阴虱被隔离在这两个区域内，演化成两个完全不同的物种。

所以一些科学家想到用头虱和体虱的DNA差别来确定它们是何时从一个共同祖先分化出来的，以此确定人类是何时开始穿衣服的。在一次美国举办的人类学家年会上，宾夕法尼亚大学的安德鲁·凯申说，体虱大约在19万年前出现，而人类穿衣服应当在此不久之前。

凯申表示，没有证据表明头虱是体虱演化成的，所以体虱应当是从头虱分化来的。现代人的体毛如此之少，以至于身体上的虱子无处藏身，体虱要产生，一定要有隐避处，答案只能是衣服。人类祖先产生于非洲，温暖的气候让人不用穿厚重的衣服，仅有的“衣服”也是起装饰的作用。当人类祖先向亚、欧迁徙的时候，寒冷的气候迫使他们穿上兽皮等材料做的衣服，这时，头上的虱子找到了新的“地盘”，慢慢演化成体虱。所以，体虱肯定是在人类开始穿衣服之后出现的。

按照这个思路，科学家通过一系列的头虱和体虱的线粒体DNA和核DNA的检测，发现人类穿衣服已经超过19万年。

在此之前，头虱和体虱的线粒体DNA研究表明，体虱大约在7万年前从头虱分化出来，所以人类开始穿衣服大约在7万年前。线粒体能为细胞产生能量，它有自己的DNA。这个DNA和细胞核里的DNA（核DNA）无关，且功能比较少，属于一种“半自主性”的细胞器。有一种观点认为，在远古时代，好氧细菌被原始真核细胞吞噬以后，在长期互利共生中演化形成了现在的线粒体。在随后的演化过程中好氧细菌逐步丧失独立性，并将大量遗传信息转移到宿主细胞中，形成了线粒体的半自主性。因为DNA的变化速度比较稳定，所以比较头虱和体虱线粒体DNA的不同可以大致推测出两者分化的年代。

但是，线粒体DNA毕竟比较简单，这个“钟”可能不太准。凯申的团队检测了头虱和体虱的线粒体DNA和核DNA，得出的结论应当更加精确，而且听上去更“刺激”——人类穿衣服已经超过19万年。这个结论听起来比较靠谱。因为现代人类已经诞生了超过20万年，在之前的直立人就可能有足够的能力制造衣服。我们看到的“北京人”（属于直立人）的图片，图中“北京人”都是穿着兽皮衣的。

那么，两种完全不同的虱子为何会寄生在现代人身上呢？研究人员认为，最可能的一种解释是，其中一种虱子一直寄生在我们的祖先“现代人”身上。而当“现代人”开始在亚洲繁衍时，另一种虱子便从当时也在该地区生活的“直立人”身上转移到“现代人”身上。研究人员指出，只有打架、合穿衣服或者性爱等直接接触才可能使虱子从一个物种转移到另一个物种。因此，在直立人灭绝之前，他们与现代人或许有过近距离的接触。

虾蛄眼相机大显神通

2019年初，我在《环球科学》杂志和互联网上看到好几则关于研究虾蛄眼取

得成果和进行应用的消息。

人类眼睛中用来感知颜色的视锥细胞(又称光感受器)只有三种,许多鸟类、爬行动物以及昆虫有四种光感受器,有的动物(例如鸽子、蝴蝶等)有五种光感受器,而虾蛄尽管脑部非常小,但它的光感受器竟然有十几种。也就是说,虾蛄能够感受到人和其他动物感受不到的光线特征。

美国伊利诺伊大学的研究人员从虾蛄的视觉系统中得到灵感,研制出了一款“能够感知颜色和偏振光”的超敏感相机。2018年10月,《光学》杂志展示了这台边长只有3厘米左右的立方体相机。这台设备可以用来帮助汽车探测危险,帮助军用无人机看到伪装或者遮挡物背后的目标,还能帮助医生更精确地工作。

虾蛄具有超视觉能力,它们可以感知偏振光。在偏振光中所有光波在同一个平面上振动。可以反光的物体总会反射出一组偏振光,利用这种特性可以很好地从混杂的背景中区分出该物体。虾蛄能利用这种特性从蓝色的海洋中寻

图3-22 虾蛄

找猎物，而且它们探测到的光强变化非常大，这样它们可以同时看到非常明亮和非常黑暗的区域。

电子计算机工程师维克托·格鲁耶夫和他的同事合作研制出一种微型的硅基光线探测器阵列。当然，其他商用相机也使用了偏振单元。但是传统探测器产生的电流与光强呈线性方式增长，而新的探测器则以指数方式响应。因此，产生的动态范围大约是现行商用相机的10000倍。研究人员还在探测器上覆盖了微细铝线，模拟虾蛄眼中的微绒毛，这种微绒毛是用来过滤和感受偏振光的管状结构的。

仿虾蛄眼探测系统还被用于水下定位导航。在人眼中，海水下的环境好似一幅平淡无奇的暗蓝色画面；可是在许多习惯水中生活的动物眼中，水下画面是一幅具有偏振图像的宏大景象。虾蛄正是这样一种水生动物，它的眼睛可以采集到偏振光信息。

《科学进展》杂志首次展示了利用水下偏振光信息的水下无源全球定位系统。这项技术为人类和机器人采用偏振光的视觉线索更好地在水下导航开辟

图3–23　海洋深处

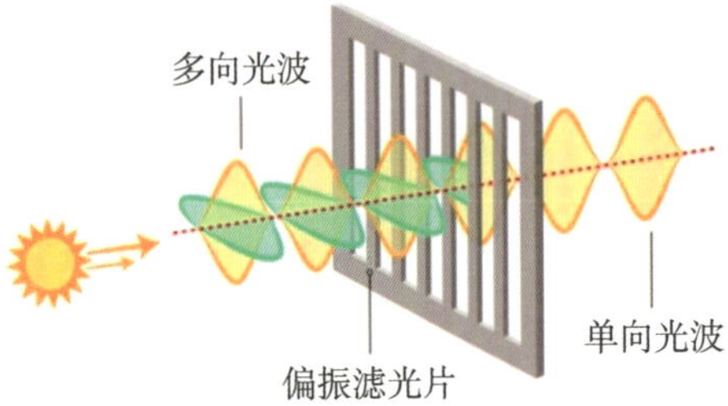

偏振光
阳光中包含向各个方向振动的波，偏振光只沿一个方向振动。人眼视偏振光为强光，需要用滤镜来将其消除

虾蛄的眼睛
虾蛄复眼中的每一个“像素”都有一个杆状结构（感杆束），由具有螺纹状结构的光感受器（微绒毛）组成，这些结构以直角交替叠加。眼睛两个半球的细胞相互倾斜45°，因此，虾蛄的眼睛实际上有四个偏振方向

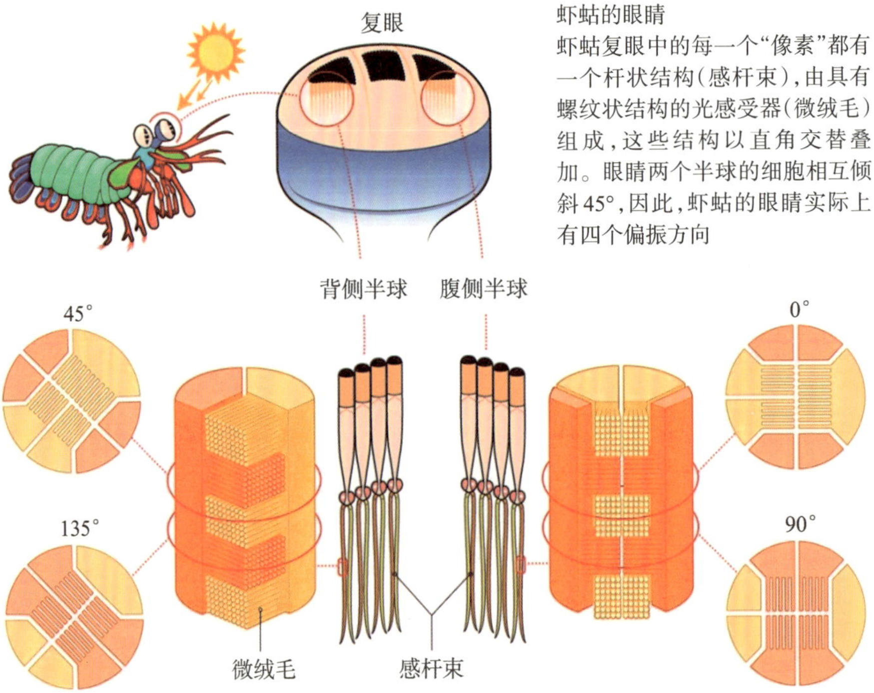

受生物启发的照相机
新的像素传感器是一种硅基探测器阵列，表面覆盖着偏移45°的微细铝线，用来模拟虾蛄眼中过滤偏振的微绒毛。每个硅探测器以指数方式将光转换成电流，使相机能够感知到大范围的光强

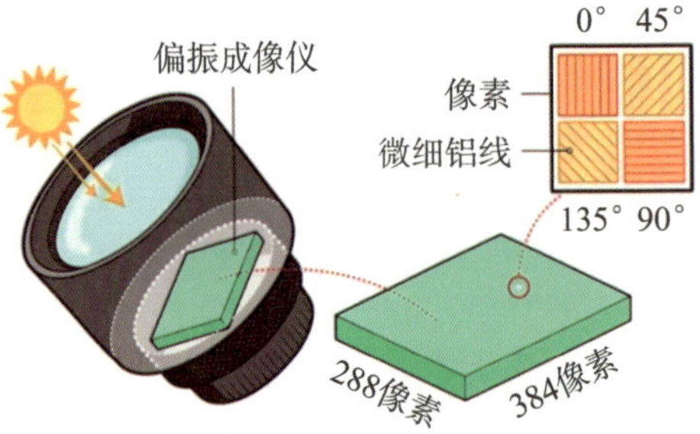

图3–24　偏振光及其运用

了新的途径。水下无源全球定位系统能帮助定位失踪的航空器，甚至创建出海底的详细地图，这项技术还将为进一步解释和理解海洋动物的迁徙行为提供新的可能性。

这项技术和装置背后的科学实验思路大体上分为这样几个部分：第一，要发现虾蛄这种特殊的超视觉能力。第二，要解剖研究虾蛄眼的结构特性。比如，在这项研究中，科学家发现虾蛄复眼中的每一个“像素”都有一个杆状结构，由具有螺纹状结构的光感受器组成。这些结构以直角交替叠加，眼睛两个半球的细胞相互倾斜45°。因此，虾蛄的眼睛实际上有四个偏振方向。第三，模拟设计制造满足各种需要的人造虾蛄眼，然后反复进行性能测试调整，当然，还有材料的选择和研制问题。第四，将探测系统拿到实际环境如海水中进行试验测试，依据反馈情况再调整。这其中，如探测装置的防水性、耐海水腐蚀性等问题都要考虑到。最终走向市场，还要研究如何降低成本。所以，一项科学实验通常是比较复杂的。

看了这则科学家发现虾蛄眼的特性并成功研制出新的探测装置的消息，我一直在思考，虾蛄4亿年前就生活在地球上，我们为什么今天才发现其特性，进而研究开发出新型探测装置呢？难道人类不应该以更加虔诚的态度向动物学习吗？从另一个角度看，仿生学研究来日方长，空间无限，大有可为。

幽门螺杆菌的发现及杀灭

近年来，幽门螺杆菌这个医学专用名词迅速大众化，几乎成了家喻户晓的词语。然而，这个大名鼎鼎的幽门螺杆菌从发现到成功分离并引起高度重视，却走过了一条十分曲折的道路。

幽门螺杆菌是什么？为何有这么高的知名度？它是一种革兰氏阴性杆菌，螺旋状，微需氧，对生长条件要求十分苛刻，是目前所知能够在人胃中生存的唯一微生物种类。

幽门螺杆菌的发现很晚。因为，众所周知胃液是强酸性的，早期人们都认为没有细菌能在胃液中生存。一直以来，大家都认为胃炎、胃溃疡是因为压力或者辛辣食物所致。1875年，德国的解剖学家发现胃黏膜上有螺旋状细菌存在，他们试图分离培养这种细菌，可惜没能体外培养成功，慢慢地这件事就被人们淡忘了。

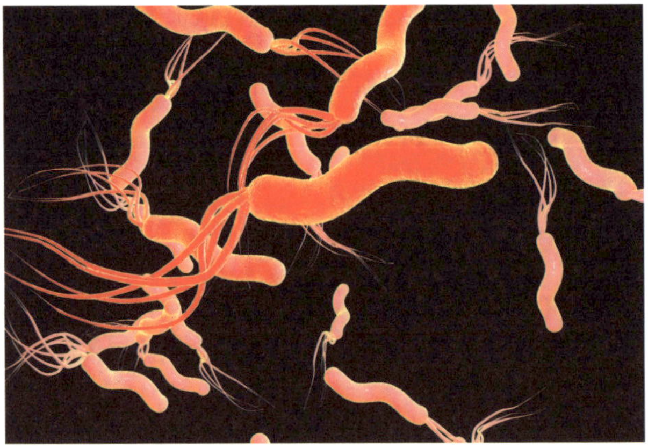

图3-25　幽门螺杆菌

1893年，意大利的一位博士也观察到胃黏膜表面有一种螺旋状的细菌存在，可惜，他没有更进一步研究它。1899年，波兰的瓦勒里·加沃斯基从灌胃液中发现了螺旋状细菌，他猜测这种细菌可能是胃炎的致病因，这是世界上第一个提出此学说的人。此说甚至被收进当时的胃病手册。遗憾的是，他是用波兰语发表的文章，还是没引起足够重视。

20世纪早期，世界各地的医生或学者陆陆续续都发现了胃黏膜表面的这种螺旋状的细菌。但是1954年，美国的帕尔马博士检查了1180个胃病患者的胃黏膜标本后，没有发现可靠证据显示这种细菌的存在。他的文章发表在权威刊物上，给幽门螺杆菌的研究当头泼了一瓢冷水。

1975年，斯蒂尔博士第一次用电子显微镜观察到了胃黏膜中的这种螺旋状细菌的存在，并将有关论文发表在临床病理杂志上，再次将幽门螺杆菌热“炒”了起来。

1979年，澳大利亚42岁的病理学家罗宾·沃伦在病理标本中看到了这种细菌，并对它产生了浓厚的兴趣。1981年，他邀请当时只有30岁的澳大利亚内科

实习医生马歇尔与其合作，给了马歇尔大约20个胃病患者的病理检查结果，这些结果都显示有一种螺旋状细菌存在。

马歇尔开始投入大量时间，分离这个螺旋状细菌，试图体外培养以证实它的存在和致病可能。1982年，他俩又再次尝试，将含有细菌培养液的培养皿放在培养箱中，就回家度假了。也许是节日的气氛过于热烈，或者是他们本不抱希望，欢快的节日让他们忘了实验室中还有细菌在培养。5天后的周二，马歇尔接到实验室助手兴奋的电话，要他速来实验室。他们终于培养成功了。

然而，当马歇尔在皇家澳大利亚内科医师学会年会上发表他们的这一重大发现时，遭到的却是大多数医生的嗤之以鼻，被认为太荒谬了。那时的医生普遍认为胃病是压力或者辛辣食物引起的，没有人相信胃病会是细菌造成的。

然而，临床上观察到越来越多的病例，让沃伦和马歇尔深信自己的结论。可惜，他们没有足够的经费进一步研究下去。马歇尔开始写信到处求助。这一撼动传统药物公司治疗方式的提议没有意外地遭到了大多数药物公司的无视或者嘲笑。最终，他俩得到了一家小药物公司赞助，开始做一些小型的临床试验。结果，用抗生素治疗后的患者疗效显著，与之前的抑酸剂不可同日而语。

1983年，马歇尔拿着他的研究结果来到布鲁塞尔的国际微生物学会联合会大会上发表，参会的微生物学家们被深深震撼了。回来后，他俩再次写了一篇完整的论文，投给《柳叶刀》，不出意外，被断然拒绝。之后，苦闷的马歇尔到处参加学术会议，介绍自己的发现和观点。然而，当时抑酸剂是一个市值达30多亿美元的庞大市场。马歇尔所到之处，得到的皆是嘲讽和拒绝。

遭遇多次嘲讽和打击，马歇尔一怒之下，回到澳大利亚，拿起一大杯含大量幽门螺杆菌的培养液就喝了下去。几天后，他开始腹痛呕吐；5天后，他清晨被痛醒；10天后，胃镜证实了胃炎和大量幽门螺杆菌的存在。

在有关资料中还有这样一段文字：情急之下马歇尔决定“以身试法”，直接用自己的身体做感染试验。在胃镜检查确证自己的胃没有病的情况下，马歇尔

持续吞服3天纯培养的细菌，之后开始出现恶心、呕吐、胃部疼痛等症状；一周后，胃镜检查证明他得了胃炎，并从活检标本中检出了细菌；14天后，马歇尔口服抗生素，症状在24小时内消失。

这两个版本的“痛饮”其实是一回事儿。

1985年，马歇尔和沃伦将马歇尔“以身试法”的这一勇敢行为发表在澳大利亚医学杂志上。不可思议的是，仍然没有得到应得的重视。这篇文章沉默了数年。

在这沉默的数年间，马歇尔辗转移民到了美国。美国媒体，如《读者文摘》，开始以“医生用自己做实验，治愈了胃溃疡”为题进行报道。这时，马歇尔的知名度开始上升，受到越来越多的关注。

1989年，这种细菌被正式命名为幽门螺杆菌。1993至1996年间，全美的医学界开始转变观念。1994年，美国国立卫生研究院发表了新的指南，承认大多数再发性消化性溃疡可能是幽门螺杆菌所致，建议使用抗生素治疗。

2005年，澳大利亚科学家巴里·马歇尔和罗宾·沃伦因这一发现获得了诺贝尔生理学或医学奖。

图3-26　马歇尔和沃伦在诺贝尔奖颁奖晚宴上

这里普及一点儿关于幽门螺杆菌的知识。

幽门螺杆菌是一种革兰氏阴性杆菌，尽管胃液具有强酸性，但幽门螺杆菌很“聪明”地利用它的螺旋状结构，钻透胃黏膜表面的黏液，寄生在靠近胃黏膜上皮的相对中性的环境中。67%—80%的胃溃疡和95%的十二指肠溃疡是由幽门螺杆菌引起的。幽门螺杆菌甚至与胃癌和一些淋巴肿瘤也有一些相关性。有专家认为，幽门螺杆菌感染使患胃癌的危险增加了2.7—12倍，如果没有幽门螺杆菌感染，至少有35%—89%的胃癌不会发生。

幽门螺杆菌病是后天传染的，这一点已是各国学者的共识。其传播方式还不十分明确，但最可能的途径是口—口、粪—口传播。

幽门螺杆菌病的预防、检测和治疗并不复杂。预防的措施一是要避免群集性感染，二是须保持口腔健康，三是要不喝生水、不宜生食。研究证实，幽门螺杆菌可在自来水中存活4—10天，在河水中存活长达3年。四是餐具器皿应定期消毒。幽门螺杆菌感染是可以治愈的，治疗的方法也很简单，服用常用抗生素等药物即可，具体应听从医生指导。

写完这一段，我不禁掩卷思考，心情很不平静。为什么事关人类健康的幽门螺杆菌从发现到引起高度重视，竟然经历了如此曲折的道路？一个科学实验的结果明明是正确的，也并不复杂，为什么屡屡被否定，甚至受尽嘲讽？

在这个案例中，我没有像其他案例那样，注重介绍科学实验方法。坦率地讲，幽门螺杆菌的分离鉴定研究有很大难度，但并非高深莫测。如此曲折的经历，让人不得不反思科学的复杂性。

这不只是我这个在科研机构工作几十年的人的个人感慨——

一是对胃病的传统认识根深蒂固，阻碍了幽门螺杆菌的新发现。多年来一般胃病的发病机制似乎很明确了，另外，在高酸性胃环境里细菌难以存活，这是人所共知的常识。

二是在科技界也普遍存在着人微言轻的问题。1981年，后来的诺贝尔奖获

得者马歇尔当时只是一个30岁的实习医生，来到澳大利亚皇家帕斯医院进行内科学实习，他被消化科主任安排在消化内科进行为期6个月的训练。他的实验成果无数次遭到“大牌”医生、医学家冷嘲热讽、嗤之以鼻。

三是市场这只无形之手，对“幽门螺杆菌论”被认可起到了阻碍作用。

据有关资料，2016年全球药品市场规模1.2万亿美元，其中，抑制胃酸的药品销量极大。一则消息报道，我国台湾地区一年共吃掉超过22亿颗胃药，其中抑制胃酸的药品就高达17亿颗以上。前面提过，制药商和药品市场曾经对幽门螺杆菌实验成果的认定和推广起到了“抑制”作用。

另外，马歇尔教授既有悲催的经历，也有幸运的机缘。

首先，1981年，当马歇尔还只是一个30岁的实习医生时，他的合作伙伴、后来和他一起获得诺贝尔奖的沃伦已经是病理学家了，那年沃伦44岁。马歇尔遇到了好伯乐，他来到澳大利亚皇家珀斯医院时，消化科主任就建议马歇尔和沃伦合作研究细菌与胃炎的关系。当马歇尔山穷水尽，没有研究实验经费的时候，还得到了一家小公司的资助。

和许多科学家一样，马歇尔和沃伦都具备百折不挠的意志品质，这是优秀的科学家必须具备的重要素质。

有资料说，马歇尔在中国深圳创办了公司，他曾来中国参观和进行学术交流。2017年，他到江西一家著名制药企业参观考察，接待他的工作人员说他幽默随和。有一次，马歇尔在看到墙上悬挂的中国书法作品时开玩笑地说：“这字一定是医生写的，和我的字一样潦草。”他还欣然应邀，当场用中英文签了自己的名字，并不忘在纸上画了幅幽门螺杆菌的“肖像”。

嗅觉研究的思路

2017年，在中央电视台一档节目——《挑战不可能》中，狗的嗅觉灵敏秀令人大为震惊。主持人将一血液样品用水稀释至原浓度的2000万亿分之一之

后，将稀释液蘸在一个小铁环上，将铁环藏进铁箱，再将铁箱放进汽车里。现场15辆汽车只有两辆放有含血样的铁环，结果，被一只经过良好训练的警犬准确地找了出来。现场观众热烈鼓掌，为警犬挑战不可能获胜叫好。

我边看边想，狗的嗅觉潜力到底有多大？人们是怎么研究的？

狗的祖先是野狗，大约33万年前，有一部分野狗被驯化成家狗。也不知什么时候，狗的嗅觉特长被人类发现，最初，用在狩猎上，后来，被用于搜寻一系列特有的气味，比如，搜寻犯罪分子携带的毒品、恐怖分子携带的炸药等危险品，犯罪分子身上及衣物上的血迹和其他气味等。

我有一年出国到澳大利亚，当时正是“9·11”事件发生之后不久，我正在机场等候飞机。突然，一个警察让我把手提箱放在地上，他让一只警犬闻了一圈，当然，什么也没发现，这是我人生第一次受到警犬个别检查的“礼遇”，那只可爱的像宠物狗似的小警犬给我留下了难忘的印象。

《挑战不可能》这个节目里有一位嘉宾叫李昌钰，是名刑侦专家。他向观众介绍，普通警犬的嗅觉能力是人的400倍，经过训练的警犬，其嗅觉能力能达到人类的几千倍、几万倍。从已经收集到的文献看，人类对狗的嗅觉是比较关注的，但更多地偏重于对嗅觉功能的探索和实际验证，对其生理构造及机理研究则相对少一些。我的这一看法，得到进一步印证：有科学家认为，我们对人的视觉、听觉的研究非常多，而对人的嗅觉研究就非常不够。

这里着重介绍一些有关生理构造及机理的研究结果。研究表明，人和狗的嗅觉从机理上是一样的，都是通过上皮细胞来闻气味的。嗅觉上皮细胞的底层是比头发丝还细小的受体，人和狗在这方面的差别比较大，比如，人类约有4000万个嗅觉受体，而狗则有20亿个嗅觉受体。另外，大多数哺乳动物的嗅觉器官叫嗅黏膜，位于鼻腔上部，其表面有许多皱褶。动物吸入空气到达嗅黏膜，刺激嗅细胞，沿密布在黏膜内的嗅神经传导到嗅觉神经中枢，从而产生嗅觉。狗的嗅黏膜的面积是人类的4倍，其嗅黏膜内大约有两亿多个嗅细胞（前面讲

的20亿是嗅觉受体)，是人类的30—40倍。

从2007年开始，美国宾夕法尼亚大学的一个科研团队从流体力学的视角，对狗的鼻腔内部结构进行了研究。科学家发现，狗鼻部特殊的生理结构，大大优化了气体在狗鼻腔内部的传输效率，使狗鼻子和人类鼻子的工作方式截然不同。我根据有关文献简单归纳为4个要点：

（1）人类吸气，呼吸和闻味的气体是同一股；而狗则是两股，一股进入肺部用于呼吸，另一股专供嗅觉。

（2）狗鼻子的肌肉能收缩，引导吸入的气流向上部通过鼻腔内的嗅感区。

（3）狗有一种快速呼吸功能，每秒呼吸约6次，从而在狗鼻腔内部制造一股湍流，湍流为嗅感区的受体输送了更多的气味分子。

（4）狗鼻子里面的嗅黏膜层层交叠，提供了巨大的可接触表面积。

要完成这些实验，必须采用一些特殊手段。宾夕法尼亚大学在这项研究中至少利用了核磁共振成像技术。

这里，还要说说另外一个重要的研究思路。美国生物科学家理查德·阿克塞尔和琳达·巴克在20世纪后期对哺乳动物，特别是人的嗅觉进行了深入的研究，由于他们的卓越贡献，2004年，阿克塞尔和巴克双双获得诺贝尔生理学或医学奖。

图3-27 理查德·阿克塞尔和琳达·巴克

在人类各种感觉中，嗅觉的产生机理一直是最难解开的谜团之一，我在前面说过，以往这方面的研究很少。人能够分辨和记忆约1万种不同的气味，但人具有这种能力的基本原理是什么呢？阿克塞尔和巴克通过开拓性的工作找到了解开这一谜底的钥匙，清楚地阐明了人类嗅觉系统的工作方式。

两位科学家的大量研究揭示，有气味的物质会首先与气味受体结合，这些气味受体位于鼻上皮的气味受体细胞中。气味受体被气味分子激活后，气味受体细胞就会产生电信号，这些信号随后被传输到大脑嗅球的微小区域中，进而传至大脑其他区域，结合成特定模式。由此，人就能有意识地感受到各种气味（比如茉莉花的香味），并在另一个时候想起这种气味。

阿克塞尔和巴克发现，人体约有1000个基因用来编码气味受体细胞膜上的不同气味受体，这占人体基因总数的约3%。他们的研究显示，人的嗅觉系统具有高度“专业化”的特征。每个气味受体细胞仅表达一种气味受体基因，气味受体细胞的种类与气味受体完全相同。气味受体细胞会将神经信号传递至大脑嗅球中被称为“嗅小球”的微小结构。人的大脑中约有2000个“嗅小球”，数量是气味受体细胞种类的2倍。据文献记载，巴克在研究时利用了钙成像技术，来实时追踪大量神经元的活动。

嗅觉研究为什么这么重要？据2015年4月的一则报道，意大利米兰马尼塔斯临床研究中心的泌尿研究科选用两只狗进行测试，让它们闻900名男性的尿液——其中360人患有前列腺癌，而另外540人则没有。测试发现，两只狗都能有效地发现癌症患者，成功率分别为98.7%和97.6%。

科学家表示，前列腺癌患者的尿液中含有独特的、易挥发的有机化合物，很难躲过狗的嗅觉。英国慈善机构“医疗检测犬”此前也进行过类似测试，发现“汪星人”在检测前列腺癌和膀胱癌时的成功率高达93%。以上检测成功率超过了其他传统的医学检测手段。日本科学家也曾经利用一只黑色的拉布拉多犬来分辨结直肠癌，取得了近乎完美的准确率。除此之外，美国阿肯色大学也

进行了实验，发现一只德国牧羊犬闻一闻尿液样本就能发现甲状腺癌患者，成功率达88%。过去的一系列研究显示，狗还可以辨别肺癌、皮肤癌、乳腺癌和卵巢癌。

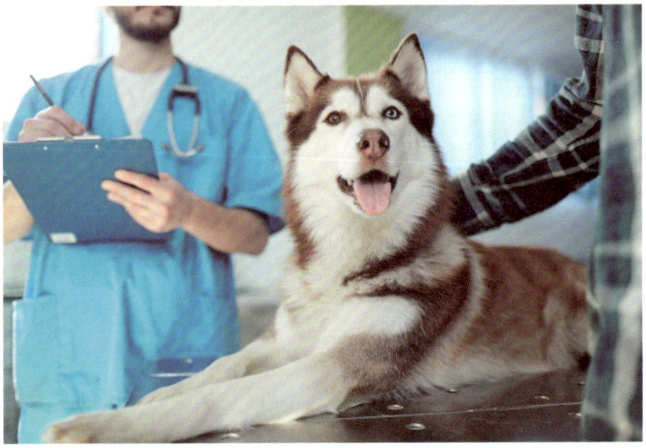

图3-28　医疗犬

研究表明，我们身体产生的化学物质气味与某些疾病的关联密切，相比正常细胞，癌细胞有异常的新陈代谢，因此释放出不同于正常细胞气味的化学物质。

从直观上看，我们可以更多利用狗的嗅觉直接诊测疾病，再做一些深入思考，我们完全可以利用狗的嗅觉机理来研制新型诊疗仪器和改进已有的诊疗仪器。

从大量有关嗅觉研究思路、进展的案例来看，在这个研究领域里，过去只注意应用研究，不重视基础研究，现在，基础研究和应用研究紧密结合，嗅觉应用的潜力方兴未艾。

寻找暗物质

美国科学家在一份报告中列出21世纪要解答的11个科学问题，“什么是暗物质”被列在第一位。科学界公认，揭开暗物质之谜将是继日心说、万有引力定律、相对论及量子力学之后的又一次重大飞跃，将带来物理学的又一次伟大革命。

暗物质是理论上提出的可能存在于宇宙中的一种不可见的物质，它可能是宇宙物质的主要组成部分，但又不属于构成可见天体的任何一种目前已知的物

质。大量天文学观测中发现的疑似违反牛顿万有引力定律的现象可以在假设暗物质存在的前提下得到很好的解释。现代天文学通过天体的运动、引力透镜效应、宇宙的大尺度结构的形成、微波背景辐射等观测结果表明,暗物质可能大量存在于星系、星团及宇宙中,其质量远大于宇宙中全部可见天体的质量总和。

从整体来说,暗物质是宇宙的主体,支撑着宇宙不断地膨胀,这种宇宙的膨胀能够给生命的散播创造条件。暗物质也是宇宙大爆炸的产物,甚至很可能是引起宇宙大爆炸的源泉。此外,也有假说认为,暗物质是由轴子、惰性中微子等其他类型的粒子组成的。

图3-29　宇宙

追溯历史,最早提出暗物质可能存在的是天文学家卡普坦,他于1922年提出:可以通过星体系统的运动间接推断出星体周围可能存在不可见物质,即暗物质。此后的几十年里,不断有科学家进行暗物质的研究,研究实验也步步深入。然而一直没有引起更大的关注。直到20世纪80年代,得到了一大批支持暗物质存在的新观测数据,包括观测背景星系团时的引力透镜效应,星系和星

团中炽热气体的温度分布，以及宇宙微波背景辐射的各向异性等。暗物质存在这一理论已逐渐被天文学和宇宙学界广泛认可。根据已有的观测数据综合分析，暗物质的主要成分不应该是目前已知的任何微观基本粒子。当今的粒子物理学正在通过各种手段努力寻找暗物质，探索暗物质粒子属性。

科学家们怎么来探测看不见、摸不着的暗物质呢？

目前，科学家采用的探测手段可以分为三类：一是探测暗物质粒子直接与探测器中的物质发生相互作用，称为“直接探测”；二是寻找宇宙中暗物质自身衰变或湮灭产生普通物质的信号，称为“间接探测”；三是探寻粒子对撞机中人为产生的暗物质粒子，称为“加速器探测”。

尽管暗物质尚未被直接探测到，但已经有大量证据表明其大量存在于宇宙中。在宇宙尺度上，通过对宇宙中微波背景辐射各向异性的精细观测，可以确定出宇宙中暗物质的总量。目前的观测表明宇宙总能量的26.8%由暗物质贡献，构成天体和星际气体的常规物质只占4.9%，其余68.3%为推动宇宙加速膨胀的暗能量。

尽管寻找和探测暗物质的道路漫长而艰难，但挡不住科学家探索未知宇宙的强烈好奇心，这个科学实验课题有巨大的吸引力，全世界有数以千计的科学家参与到暗物质的研究之中。

说到暗物质探测，一定要说说诺贝尔物理学奖获得者、美籍华人科学家丁肇中。丁肇中自1994年起，领导阿尔法磁谱仪实验项目，在空间寻找反物质和暗物质。我有幸现场听过丁肇中先生有关暗物质的演讲。

1998年6月2日，“发现”号航天飞机发射升空，机内载中、美等国共同研制的阿尔法磁谱仪进行运行实验。阿尔法磁谱仪实验项目是一个大型国际合作科学实验项目，其目的是寻找太空中的反物质和暗物质。该项目由丁肇中教授领导，项目组成员来自16个国家和地区（包括中国、美国、俄罗斯、德国、芬兰、法国、葡萄牙、瑞士、土耳其、韩国和墨西哥等），有60多所大学、研究所和600

多位物理学家参与其中，仅中国参与该项目的科学家和工程师就不下200人。

2011年5月，丁肇中主持建造的第二台阿尔法磁谱仪（AMS-02）搭载“奋进”号航天飞机升空，开始了它在国际空间站的使命——寻找反物质和暗物质。

2013年4月3日，丁肇中首次公布其领导的阿尔法磁谱仪实验项目十多年来的第一个实验结果——已发现的40万个正电子可能来自一个未知之源，可能是脉冲星或人们一直寻找的暗物质。40个月里，他们收到540亿宇宙线事例，远远多于过去100年收集到的所有宇宙线事例的总和，有很多物理现象。

到底能不能找到暗物质呢？丁肇中说：“我不知道。”但他坚持认为，暗物质一定存在。

2015年12月17日，我国在酒泉卫星发射中心用“长征二号丁”运载火箭成功将暗物质粒子探测卫星“悟空”号发射升空。中国科学院研制的暗物质粒子探测卫星是空间科学战略性先导科技专项中首批立项研制的4颗科学实验卫星之一，是目前世界上观测能段范围最宽、能量分辨率最优的暗物质粒子探测卫星。

“悟空”号是一个空间望远镜，有效载荷质量1410千克，它可以探测高能伽马射线、电子和宇宙线。它由一个塑料闪烁探测器、硅微条、钨板、电磁量能器和中子探测器组成。卫星的主要科学目标是以更高的能量和更好的分辨率来测量宇宙线中正负电子之比，以找出可能的暗物质信号。中国科学院紫金山天文台2016年12月29日通报，“悟空”号暗物质粒子探

图3-30　我国发射的“悟空”号暗物质粒子探测卫星

测卫星近两个月内频繁记录到来自超大质量黑洞CTA102的伽马射线爆发。“悟空”号观测到的现象表明，黑洞CTA102正经历新一轮活跃期。

大科学装置——“中国天眼”

近几年，一个被誉为“中国天眼”的大科学装置火了，红遍中国，誉满全球。

“中国天眼”的科学名称叫500米口径球面射电望远镜，英文缩写FAST，位于贵州省平塘县克度镇大窝凼的喀斯特洼坑中。

FAST由我国著名天文学家南仁东于1994年提出构想，到2016年9月25日落成启用，历时22年，其中FAST建设工期5年多。该装置是由中国科学院国家天文台主导建设，具有自主知识产权，是世界上最大单口径、最灵敏的射电望远镜，是典型的大科学装置。

在介绍FAST之前，先得说说什么是射电望远镜。作为天文观测研究的通用设备，射电望远镜是指观测和研究来自天体的射电波的基本设备，可以测量天体射电波的强度、频谱及偏振等。全套设备包括收集射电波的定向天线，放大射电信号的高灵敏度接收机，信息记录、处理和显示系统等。

1931年，美国贝尔实验室的科学家卡尔·央斯基发明了利用射电波探测天体的旋转天线阵。20世纪60年代，天文学取得了四项非常重要的发现：脉冲星、类星体、宇宙微波背景辐射、星际有机分子，被称为“四大发现”。这四项发现都与射电望远镜有关。20世纪80年代，美国的VLBA阵（由多台射电望远镜组成）、日本的空间VLBI相继研发成功，这是新一代射电望远镜的代表。中国北京、上海、昆明、乌鲁木齐的天文台站都建有射电望远镜，常年进行观测、实验、研究。

2012年，亚洲最大、口径达65米的全方位可转动射电望远镜在我国上海天文台正式落成。这台射电望远镜的综合性能排名亚洲第一、世界第四，能够观测100亿光年以外的天体，参与我国探月工程及各项深空探测。我曾几次到过

该装置现场及实验室参观考察。

“会当凌绝顶，一览众山小。”FAST这个大家伙可不同凡响，它让以往的天文望远镜相形见绌，FAST口径达500米，反射总面积高达25万平方米，相当于30个足球场大小，由4450块反射板拼接而成。

FAST与号称“地面上最大的机器”的德国波恩100米望远镜相比，灵敏度提高了约10倍；与排在阿波罗登月之前、被评为“人类20世纪十大工程之首”的美国Arecibo300米望远镜相比，其综合性能提高了约10倍。作为世界最大的单口径望远镜，FAST将在未来二三十年保持世界一流天文装置的地位。

FAST由五大系统组成：

（1）主动反射面系统：包括一个口径500米由近万根钢索组成的反射面索网主体、反射面单元、促动器装置、地锚、圈梁等。反射面索网安装在格构式环形圈梁上，它有2400个连接节点，在索网上安装4600个反射面单元，2400个节点下方连接下拉索和促动器装置，促动器再与地锚连接，形成完整的主动反射

图3-31　我国建造的500米口径球面射电望远镜

面系统，能够实现实时控制下形成瞬时300米口径抛物面的功能。

（2）馈源支撑系统：在洼地周边山峰上建造6个百余米的支撑塔，安装千米尺度的钢索柔性支撑体系及导索、卷索机构，以实现馈源舱的一级空间位置调整；制造直径10米左右的馈源舱，在馈源舱内安装Stewart平台（精调并联机器人）用于二级调整；制造两级调整机构之间的转向机构，辅助调整馈源舱的姿态角。

（3）测量与控制系统：建设10余个毫米级精度基准站组成的测量基准网。通过9个近景测量基站，对反射面位形实时扫描；利用激光跟踪仪及激光跟踪系统实现对馈源舱实时反馈的控制；建设现场总线系统，实现反射面的主动变形；建设实时检测和健康监测系统。

（4）馈源与接收机系统：研制高性能的多波束馈源接收机，频率覆盖70MHz—3GHz。研制馈源、低噪声制冷放大器、宽频带数字中频传输设备、高稳定度的时钟和高精度的频率标准设备等。配置多用途数字天文终端设备。

（5）实验室、动力与后勤保障辅助系统。

FAST可不只是规模大，其科技含量也非常高，设计理念、技术创新、工程建造难度，都在世界前列。

就拿索网结构来说，索网结构是FAST主动反射面的主要支撑结构，是反射面主动变位工作的关键点。索网制造与安装工程也是500米口径球面射电望远镜工程的主要技术难点之一，FAST索网结构直径500米，采用短程线网格划分，并采用间断设计方式，即主索之间通过节点断开。索网结构的一些关键指标远高于国内外相关领域的规范要求。

索网采取主动变位的独特工作方式，即根据观测天体的方位，利用促动器控制下拉索，在500米口径反射面的不同区域形成直径为300米的抛物面，以实现天体观测。

FAST索网结构是世界上跨度最大、精度最高的索网结构，也是世界上第一

个采用变位工作方式的索网体系,其技术难度不言而喻。随着索网诸多技术难题的不断攻克,形成了12项自主创新性的专利成果,其中发明专利7项。这些成果对我国索结构工程领域的研发与制造能力起到了巨大的提升作用。

我们最关心的是:FAST是怎样进行天文观测实验的?

简单来说,FAST相当于人类感官的延伸。我们的感官无法识别和处理宇宙中的天体传来的无线电信号,FAST的运行系统就充当了媒介的角色,它将无线电信号收集、处理,再翻译成人类能理解的形式。

来自太空天体的无线电信号极其微弱,70年来所有射电望远镜收集的能量还不足以翻动一页纸。阅读宇宙边缘的信息需要大口径望远镜,由于自重和风载引起的形变,传统全可动射电望远镜的最大口径只能做到100米,而FAST巧妙地卧在地面上,克服了传统的立架结构的缺点。

FAST的口径达500米,灵敏度相当高,打个比方,假设你在月球上打电话,FAST可以探测到你的信号。理论上FAST能接收到137亿光年以外的电波信号,这个距离接近于宇宙的边缘。

收集、处理、"翻译"信息的过程非常复杂。拿观测脉冲星来说,天体呈周期性发射的微弱的电磁波射向地球,有一部分落在FAST的反射面上,反射面将这种电信号汇聚到馈源舱接收机处,接收机将电信号转换成光信号,通过光缆将光信号传回总控室,再把光信号转换回电信号,进而转换成数字信号,计算机集群再根据事先设定好的程序将这些数字信号储存、计算,最终结合科学家的分析,识别出能够代表脉冲星的一串特殊的信息。

FAST建成并运行的时间不长,但成果十分丰硕。

2018年4月,FAST首次发现毫秒脉冲星,并得到国际认证。新发现的脉冲星J0318+0253自转周期5.19毫秒,根据色散估算距离地球约4000光年,由FAST使用超宽带接收机进行一小时跟踪观测发现,是至今发现的射电流量最弱的高能毫秒脉冲星之一。

今后，FAST将在基础研究众多领域，例如宇宙大尺度物理学、物质深层次结构和规律等研究领域提供发现及突破的机遇，也将在日地环境研究、国防建设和国家安全等方面发挥不可替代的作用。

科学家们设想，未来，FAST还要在探索宇宙起源和演化，寻找地外文明的科学实验中进一步发挥作用。

第一架无喷气发动机无螺旋桨飞机试飞成功

2018年岁末，英国物理学会《物理世界》杂志评选出2018年十大科学突破，世界上第一架无内燃机无螺旋桨飞机成功试飞名列其中。

据国外媒体2018年11月报道，美国麻省理工学院研究团队研制出世界上第一架“固态”飞机，其推进系统中没有任何活动部件。10次试飞中，飞机在室内空间成功飞行了60米，平均飞行高度为0.47米。尽管整体效率较低，但是其推力比与传统推进系统（如喷气发动机）相当。研究人员报告说，这种特殊的飞机设计优先考虑的是小机型而不是高效率，但未来的设计可以提高效率。

这个实验表明，在没有喷气发动机或螺旋桨情况下，飞机也能够在空气中飞行。这次飞行代表了“离子风”技术的突破，这种技术利用强大的电场产生带电荷的氮离子，然后从飞机后部排出，产生推力。

麻省理工学院航空学教授史蒂文·巴雷特说，这个项目的灵感来自他童年时读的科幻小说——《星际迷航》。他说：“我是《星际迷航》的超级粉丝，当时我想，未来的飞机应该是无声飞行的，没有移动部件，没有螺旋桨或涡轮机之类的东西，也许还会发出蓝光。于是，后来我就致力于研究什么物理原理可以让没有运动部件的飞行成为可能，并且遇到了一个叫作‘离子风’的概念。”

这个概念在20世纪20年代首次被研究，但在当时没有多大进展。在50年代，人们又对离子风进行了研究，研究人员得出结论：它不适用于飞机。后来，巴雷特开始研究这个问题，用了大约5年的时间，加深对高效产生离子风的基

本理解，并优化这种理解。

在原型飞机上，机翼前缘的电线在4万伏的电压下有600瓦功率的电能通过。这足以引起“电子级联”，给电线附近的空气分子充电。这些带电分子沿着电场流向机翼后部的第二根导线，在途中与中性空气分子碰撞，并向它们输送能量。然后这些中性空气分子从飞机后部流出，提供推力。最终的结果是推进系统完全由电力驱动，几乎是静音的，其推力比可与喷气发动机等传统系统相媲美。

这架飞机的成功试飞很大程度上还要归功于制造超轻薄材料所需要的工程技术。这架飞机的质量只有2.45千克，但有5米长的翼展，此外，还包括电池和高压功率转换器。麻省理工学院研究团队希望在未来扩大整个机器的尺寸，增加飞机的续航力和速度。

图3-32　离子风动力飞机

克兰菲尔德大学客座教授、航空工程师盖伊·格拉顿教授说，很明显，这一技术还处于非常早期的阶段，但麻省理工学院的研究团队做了一件我们以前从

未知道的事情，即利用加速离子化气体推动飞机。世界各地的航空工程师已经在努力寻找使用电力推进的方法，而这项技术将提供一种新思路，在未来可能使载人和无人驾驶飞机更高效、更环保。特别是他们已经实现了试飞，这非常令人振奋。

这项技术短期内的潜在应用包括无人驾驶飞机以及高空太阳能飞行，由于不需要活动的推进系统，这种飞机可以像一颗卫星一样在太空中连续多年飞行。从长远来看，纯电力驱动飞行开启了无碳排放飞行的可能性，这可能会降低全球航空业的碳排放。

斑马身上的条纹到底有什么用

斑马绝对是“条纹控”的领袖，身上黑白相间的条纹从头到脚，遍布全身，在动物界独树一帜。要是有人问，为什么斑马都穿黑白条的“衣服”，一时还真没有人能准确地答上来。

其实关于斑马条纹的作用，早在19世纪人们就展开了争论，甚至连生物学家、进化论的奠基人达尔文也曾参与其中，但直到现在，依然众说纷纭，莫衷一是。

很多人不知道，其实斑马在胚胎早期时是纯黑色的，到了胚胎后期才会出现白色的条纹。正如世界上没有两片相同的树叶，斑马的条纹之间也存在着一定的不同。斑马身上的条纹就如同商品上的条形码一样，尽管每种商品的条形码看似一样，都是黑白相间的，但其实商品的条形码在全世界范围内都不重复。斑马的条纹绝对算得上是大自然的鬼斧神工之作。与此同时，还有一个非常有趣的现象，那就是所有雄性斑马身上的条纹是奇数的，而雌性斑马身上的条纹是偶数的。

至于为什么长成这样的黑白条纹？它有什么用？有下述几种观点。

一种观点叫“防虫说”。有研究发现，斑马身上的这种图案对于驱除虻科昆

虫有着特殊的效果。虻科昆虫一般喜欢黑色的平面，因为这种颜色和它们要产卵的水塘所反射的光是一样的，白色的平面则不会反射出这种偏振光。而斑纹平面对光的反射效果比纯白色平面还要好，纯色平面反射出的光是整齐的模式，斑马所反射的则是多种光图样，可以有效分散虻科昆虫的注意力，从而起到防止侵扰的作用。研究者认为，这就是羚羊等单色动物容易出现疾病传播导致族群毁灭，但斑马群通常不会出现这种状况的原因。

2012年，《实验生物学期刊》发布了瑞典兰德大学演化生态学家艾克森等人的一项研究成果。该研究发现，虻科昆虫更喜欢纯色反射的整齐的光谱模式，而斑纹图案反射回的是多种光图样。因此，与纯色相比，斑纹图案对虻科昆虫的吸引力更低，从而佐证了上述观点。

2014年，一个科学家团队在《自然通讯》杂志上发表研究报告称，舌蝇（又叫采采蝇）是非洲血吸虫，能传播昏睡病和非洲锥虫病等，它们利用物体的光学特征来寻找食物和水，而黑白条纹则可以干扰舌蝇、马蝇等昆虫对光的感受。澳大利亚昆士兰大学感知神经生物学家马歇尔认为，条纹会扰乱昆虫大脑，让昆虫们觉得这种表面不易降落。看来，支持“防虫说”的科学家不少。

第二种观点叫“防猎杀说”。大多数生活在非洲大草原上的食草动物的外表都具备保护色。按照常理来说，穿着显眼“衣服”的斑马绝对是大草原上食肉动物的众矢之的，因为，好像很远就能一眼看到这黑白图案。像狮子这

图3-33　斑马

种草原上的王者，它的视觉是非常敏锐的，那么斑马的黑白条纹打扮不是找死吗？

事实可能和我们的揣测大相径庭。一般狮子在选择捕猎对象的时候，都会选择整个族群当中相对较为弱小的个体，也就是老弱病残。但是由于斑马群的整体颜色相差不大，在“值班”的斑马发现狮子之后，整群斑马就会拼命奔跑。在奔跑的过程当中，黑白色的条纹无疑是混淆视觉的最好手段，会使狮子在一瞬间花了眼，找不到弱者，从而失去锁定的目标，以至于最后徒劳无功。

第三种观点姑且叫“降温说”。2015年，《皇家学会开放科学》杂志发表了一项研究：美国加州大学洛杉矶分校的生物学家布伦达·拉尔松博士和同事在非洲考察了16群草原斑马，并研究了其条纹图样，结果表明，条纹与温度有很大的关联。具体来说，温暖环境中斑马的条纹更多。

拉尔松博士猜测这可能与“降温气旋”理论有关。由于黑色比白色更易吸热，当风吹到斑马身上时，气流在黑色部分的运动更快更强，而在白色部分则较缓慢。这两股相反的气流一旦交汇，就会产生小气旋，有助于斑马表皮降温。因此，在温度越高的地方生活的斑马，身上的条纹就越多。

不过，有研究人员通过实验否定了这种推测。一个研究团队分别将黑、白、灰3种颜色的马皮、牛皮以及条纹式样的斑马毛皮覆盖在数个装满水的金属水桶上，再将这些水桶放置在露天环境中，经过为期4个月的持续跟踪监测，结果发现，条纹并不能帮助降温。

还有一种“条形码说”。世界上现存的斑马有3种：山斑马、草原斑马和格氏斑马。每种斑马的条纹都不一样，主要区别在于条纹的多少、粗细、分布和颜色的深浅。就好像人类的肤色和指纹一样，黑白条纹仿佛是自然界赐给斑马的条形码，成了斑马独特的身份标识。

有研究者认为，“条形码识别”对于斑马来说很重要，通过相互观察条纹，斑马可以认出彼此以及它们的家人。生活在非洲大草原上的食草动物多数都是

群居的，所以它们需要在遇到危险的时候可以迅速集结在一起，以便共同抵御危险。这就要求斑马无论是在白天还是黑夜，都能够在第一时间发现自己的同伴，然后快速融入集体中，承担起自己的职责。很显然，穿着明显的"外衣"是一个十分靠谱的方法。

另外，在斑马的求偶期，条纹也起着重要的识别作用。达尔文曾写道：一匹母斑马不会接受一头公驴的求爱，除非那头公驴被涂上条纹，看上去像一匹斑马。但也有人质疑这种看法，毕竟，无论是雌性斑马还是雄性斑马身上都有黑白条纹。此外，斑马也会用其他方式来识别彼此，比如身上的气味，或者它们发出的声音。

中国动物学研究者也在不同场合发表了一些关于斑马条纹的意见，对上述观点，有的支持，有的反对。但由于他们没有开展关于斑马条纹的专题研究，在此就不一一介绍他们的观点了。

在体形比较大的动物中，我比较喜欢斑马，一是因为它独特的"服装"，个性鲜明，与众不同；二是它有健硕的体态；三是它呈现的绅士风度。我认为，这类研究在很大程度上是满足人们好奇心的、揭开自然之谜的开放性探索研究，它可能既不涉及重大的基础研究原理的揭示，也不直接涉及具有重要价值的应用，有可能哪一天大家会就此达成一个共识，也可能永远都不会有一个比较一致的意见。斑马条纹之谜没有彻底解开，给人们留下很多遐想，恰好增加了它的魅力。

为世界最高输电塔穿上防腐"铠甲"

2016年底，我国浙江舟山500千伏联网输变电工程开工，作为该工程项目之一，两座输电巨塔开始建造。一年多以后，在舟山金塘岛、册子岛上建设的两座380米高的输电塔拔地而起。这是世界上最高的输电塔，高度超过法国的埃菲尔铁塔，重达7000多吨，堪称世界奇观。这里不说输电塔之雄伟壮观，单说

图3-34　输电塔

它身披的特殊“铠甲”——塔身的石墨烯防腐涂料，这也是全球首次成功地将石墨烯改性重防腐涂料应用于工程化全链条。

国际上公认，材料腐蚀对一个国家造成的损失高达该国国内生产总值(GDP)的3%—5%。据美国腐蚀工程师协会统计，全球年腐蚀成本估算为2.5万亿美元，这一数字比巴西的年度GDP总量还要大。

中国科学院宁波材料技术与工程研究所的科学家团队研发出一种新型石墨烯改性重防腐涂料。这种新型石墨烯改性重防腐涂料的关键技术指标——耐盐雾的寿命超过6000小时，而在此之前，国际上最好的重防腐涂料耐盐雾的寿命也仅有3000小时左右。

石墨烯是一种由碳原子以sp^2杂化连接形成六角形呈蜂巢晶格的平面二维材料，具有优异的光学、电学、力学特性。它是世界上已知最薄的材料，只有一个原子厚，其厚度相当于一根头发丝粗细的二十万分之一，1克石墨烯就可以覆盖一个足球场，其强度是钢的200倍。这种材料自2004年首次制成后，迅速成为热门材料并得到业界认可，被认为是未来一种革命性的材料。6年后，英国曼彻斯特大学物理学家安德烈·盖姆和康斯坦丁·诺沃肖洛夫，用微机械剥离

图3-35　石墨烯结构示意图

法从石墨中成功分离出石墨烯，因此双双获得2010年诺贝尔物理学奖。

虽然这项研究的具体方法没有详细披露，但至少给我们三点启示。

第一，一项新的科学发现和发明问世，科学家要以极其敏锐的眼光迅速抓住机遇，否则，就会落在别人后面。中国科学院宁波材料技术与工程研究所十多年前即组织科研力量开展石墨烯防腐涂料研究，后来这个团队迅速发展壮大，目前团队成员已超过60人。下手早，力量强，缺一不可。

第二，抓住关键的科学问题。近年来，利用石墨烯的"迷宫"阻隔效应，提高有机涂层的抗渗透性和防腐性，已成为国内外防腐涂料领域的研究热点。然而，研制具有实用价值的高性能石墨烯改性重防腐涂料难度非常大，主要原因在于：至今还没有形成完善的涂料体系；缺少性能全面考核和实际工况长效服役评估；缺乏详细的专用数据库和相关涂料标准；石墨烯成本相对较高。解决这些难题，需要摸清石墨烯防腐的微观物理化学影响机制，突破石墨烯的稳定分散、与树脂相容性、配方及配套体系优化等一系列关键技术。

第三，选准长远战略目标。新闻记者在现场采访中国科学院宁波材料技术与工程研究所的科学家时发现，该所高盐雾环境下的暴晒实验场，摆放着1000多个试验样件，分8大类30余种材料，涵盖块体材料、薄膜材料、重防腐材料和

航天航空材料等。他们成功开发出拥有自主知识产权且兼具优异力学性能、长效防腐和特殊功能性的8大系列石墨烯改性新型防腐涂料，包含沿海储油罐重防腐涂料、导静电防腐涂料、电网塔架防腐涂料、光伏塔架防腐涂料、耐海水防腐涂料和航天国防特种涂料等多种类型，以满足不同的应用需求。相关研究成果不仅申请了国家发明专利78项，还申请了国际专利。他们瞄准的不是取得一两项研究成果，而是整个防腐涂料产业。

我国拥有高达2000亿元的防腐涂料市场，其中重防腐涂料需求年均增速超过20%。以前，由于没有形成自主知识产权技术，缺乏相应技术标准，我国70%的重防腐涂料市场被外资品牌垄断，质量参差不齐。现在，我国不仅有了世界领先的科研成果，而且该成果已实施产业化，具备年产万吨级的石墨烯改性重防腐涂料生产能力，实现了重防腐涂料的低成本稳定量产，市场前景十分广阔。

这个案例较好地诠释了当代应用科学研究的规律。

喜马拉雅山脉原来是汪洋大海

大名鼎鼎的喜马拉雅山脉，几乎无人不知，其主要部分在中国和尼泊尔两国交界处。西起青藏高原西北部的南迦-帕尔巴特峰，东至雅鲁藏布江急转弯处的南迦巴瓦峰，全长2450千米，宽200—350千米，是世界上海拔最高

图3-36　喜马拉雅山脉远眺

的山脉，有110多座山峰高达或超过海拔7350米。其中，主峰是世界最高峰珠穆朗玛峰（珠穆朗玛，是藏语“第三女神”的意思），海拔高达8844.43米。

图3–37　珠穆朗玛峰

就是这样一个海拔最高的山脉，怎么与海洋扯上了关系呢？这得从一些化石的发现说起。

早在1924年，探险家诺埃尔·奥德尔就在珠穆朗玛峰的岩石里找到了菊石类、双壳类、海百合等海生生物化石，说明那里曾是海相地层。

1964年，中国登山队在攀登珠穆朗玛峰的时候，登山队员在西藏定日县海拔4300米的苏热山南坡上意外地发现了喜马拉雅鱼龙的化石。

在海拔如此高的地方竟然也能发现鱼龙化石，这引起了科学家的极大重视。于是，1966—1968年，科学家开始了对珠穆朗玛峰地区的大规模科学考察，并在西藏聂拉木县土隆海拔4800米的高山上发现了一些鱼龙的破碎头骨及颅后骨骼化石。

2002年，中国地质大学西藏考察队在定日县海拔4700米的卡贡三叠系曲

龙共巴组上部再次发现了两块喜马拉雅鱼龙化石。

鱼龙怎么会生活在世界海拔如此高的喜马拉雅山脉上?

据科学考察和研究,鱼龙是2.45亿年前早三叠纪晚期出现的一种海生爬行动物,比恐龙的“资格”还老,早在恐龙称霸陆地之前,鱼龙已经成了海上霸主。法国著名古生物学家居维叶这样形容这类奇特的生物:有着海豚的吻部、鳄鱼的牙齿、蜥蜴的头和胸骨、鲸的四肢和鱼类的脊椎。1.6亿年前的喜马拉雅鱼龙就有着这样的特点:它的身体整体呈流线型,长度可达10—20米,四肢已经进化成桨状鳍,非常适合游泳;又尖又长的嘴巴里面长满了扁锥状的牙齿,脑袋两侧还长有大大的眼睛;鱼雷状的躯体看上去与海豚和鲸非常相似。庞大的体形,也显示着鱼龙当之无愧的顶级猎食动物的地位,同时期的蛇颈龙、恐头龙恐怕都不是它的对手。

喜马拉雅鱼龙化石的出现,表明如今的世界屋脊喜马拉雅山脉在1.6亿年前还是一片汪洋大海。1.6亿年前,特提斯海在阳光的照耀下闪着波光,菊石、海百合在那里自由生长,不时会有身长十多米的“巨无霸”高高跃出水面,然后又迅速潜入海底。这些名为喜马拉雅鱼龙的动物就像是海豚和鲸的复合体,自如地在海中游弋,几乎没有什么海洋动物能够成为它们的对手。可是后来,谁也不知道它们突然遭遇了什么变故,被掩埋在了中生代的地层中。在距今约9000万年的晚白垩纪,海上霸主鱼龙就逐渐退出了历史舞台,比恐龙和翼龙因为环境突变而灭绝早了约2500万年。在生态环境相对平稳的时期灭绝,只能说,鱼龙对人类而言真是谜一样的生物。神奇的是,通过漫长的板块运动,随着

图3–38　鱼龙化石

图3-39 喜马拉雅鱼龙复原图

地层逐渐上移，慢慢长高，“鱼龙”最终成了喜马拉雅山脉的一部分。

大量地质考察的结果证实，“喜马拉雅海”的历史还可以追溯到更早一些，那时现在的喜马拉雅山脉所在的广大地区是一片汪洋大海，称古地中海。经历了漫长的地质时期，一直持续到3000万年前的新生代早第三纪末期，这个地区的地壳运动总的趋势是连续下降，在下降过程中，海盆里堆积了厚达30000米的海相沉积岩层。到新生代早第三纪末期，地壳发生了一次强烈的造山运动，在地质上称为“喜马拉雅运动”，使这一地区逐渐隆起，形成了世界上最雄伟的山脉。经地质考察证明，喜马拉雅的构造运动至今仍未结束，仅在第四纪冰期之后，它又升高了1300—1500米，现在还在缓缓地上升之中。

我们在感慨沧海桑田的同时，应该再进一步地思考。首先，化石特别是古生物化石不仅有很大的收藏价值，更重要的是，它是研究地质年代和生物进化乃至生命起源的重要基础，同时，它还是研究开发化石能源的重要依据。其次，科学研究的过程往往是长期的、非常艰苦的，还需要丰富的学识和研究经验的积累。很多古地质、古生物研究重大课题都是几代科学家继往开来、不断探索的结果。即便如此，至今还有许多千古之谜没完全解开，这也恰恰是科学的魅

力所在。

2018年3月，联合国教科文组织总部授予82岁的中国科学院院士、中国科学院古脊椎动物与古人类研究所研究员张弥曼女士世界杰出女科学家成就奖。张弥曼院士刷新了人们对泥盆纪总鳍鱼类、肺鱼和陆生脊椎动物间关系的认识，在世界古生物学研究领域获得一致认可。更值得一提的是，她对中国东部油田地层时代及沉积环境的研究也有显著成就，曾利用其研究成果，为我国大庆油田和胜利油田的勘探开发提供重要的指导和帮助。

我收看了电视台记者采访张弥曼院士的报道，张院士讲述她早年进行科学考察时的情景让我热泪盈眶。

她那时出差和咱们现在的出差可不一样，常常要一个人用扁担挑着被子、锤子、化石纸、胶水，跋涉在荒山野岭之间。有时候，要背着30多千克的行李，走上几十千米的山路。

有一次，她去横店考察，夜里只能睡在农家的阁楼上。没有被褥，她就铺着稻草，盖着发霉的烂棉絮。她一连40天没有洗澡，等回到家时，身上已经长了不少虱子。

还有一次，她去缙云附近的磨石山考察。晚上只能在山顶的祠堂里睡一宿，她好不容易刚睡着，突然感觉到有几只老鼠从自己的脸上爬过。

图3-40　张弥曼院士在野外考察

许多优秀科学家的成长都印证了马克思那句名言：“在科学的道路上没有平坦的大路可走，只有在崎岖小

路的攀登上不畏劳苦的人，才有希望到达光辉的顶点。”

智能织物开启服装新时尚

近年来，“智能织物”这个新名词出现频次很高，各种相关报道不断见诸媒体，图文并茂，很是吸引眼球。

图3-41　智能纺织品

何谓智能织物？狭义上的智能织物是指配备有智能电子系统的各种织物，例如，带有一体式脉搏测量装置的衣物。从广义上说，智能纺织品是指应用纺织、电子、化学、生物、医学等多学科知识综合开发的具有高智能化的纺织品，它基于仿生学概念，能够模拟生命系统，同时有感知和反应双重功能。

织物既可以由各种各样的导电材料制成，例如导电纤维、导电纱线、导电涂层、导电刺绣图案和导电叠片，也可以带有各种电子元器件，例如传感器、集成电路、LED（发光二极管）、OLED（有机发光二极管）、电池等。

目前，人们把智能织物初步分为智能调温纺织品、形状记忆纺织品、防水透湿纺织品、变色纺织品、电子信息智能纺织品几大类。在此特别强调“智能”两个字，而不是一般的“功能”。仅仅具有一般性的防水、耐热功能的织物不能称为智能织物。

下面给读者列举一些智能织物研究开发成果案例。

中国科学院北京纳米能源与系统研究所和几所大学的科研人员联合开发出一种新型电子织物，不仅可以实现自供电，而且高度灵敏并可洗。新加坡南洋理工大学的科学家设计出一种织物般的电源，剪切、折叠或者拉伸都不会丧失功能。瑞典科学家开发出一种能将动能转化为电能的压电织物，织物受到的负荷越大，变得越湿润，产生的电力也越多。

中国、英国、意大利的研究人员展开合作，利用传统的喷墨打印技术以及廉价、安全、环境友好的石墨烯油墨，将可洗、可拉伸、透气的电子电路直接印刷到织物上，为未来智能织物和可穿戴电子设备的制造提供了一种新方案。

美国北卡罗来纳州立大学开发出一种兼具柔性和弹性的触敏纤维，它可以检测到触摸、张力与扭曲，可作为电子设备的人机交互接口，应用于智能织物与可穿戴电子设备等多个领域。

韩国科学技术院电气工程学院的一个科研团队通过将OLED集成到织物中，开发出了世界上最具柔性、可靠性最高的可穿戴显示器。

美国华盛顿大学开发出一种新型智能织物，可用来制成智能衣服，存储不可见的密码，以打开公寓或者办公室的大门；或者缝到手套的指尖部位，用于智能手机的手势控制。

图3-42　能开启办公室大门的智能织物

苹果公司也参与到智能织物的研究开发之中。2017年，苹果公司研制的智能织物获得了美国专利商标局公布的发明专利。其中一项是“可识别触摸手势的触敏纺织装置”，

苹果公司发明的这种装置是一种基于纺织品的触敏设备。这种纺织基触敏设备由两组垂直的导电纱线交织而成，在两组导电纱线中配置传感电路，以向两组纱线施加驱动信号并产生电荷。传感电路还可以检测两组纱线中电荷的变化。植入这种触敏设备的纺织品能识别触摸手势，并能接收织物上的触摸指令和用户输入。

另一项专利发明是一种可用作嵌入式输入输出设备的三维织物。电子设备可以结合到织物中，形成诸如开关等的输入输出装置。织物中的一些凸起部分可以用作平板、电话、电脑的一部分功能键。为了使用方便，这种3D织物还能被嵌入吊坠、耳机、眼镜、帽子等物品中。

智能织物已经成了一个全球研究、开发、产业化的热门领域。其技术和产品可能会先应用于一些特殊场合，比如，探险、科考、救援、太空试验等领域，随后将在大众中陆续普及。当然，那些热爱科学、追求时尚的青年人一定是智能织物的应用先锋。

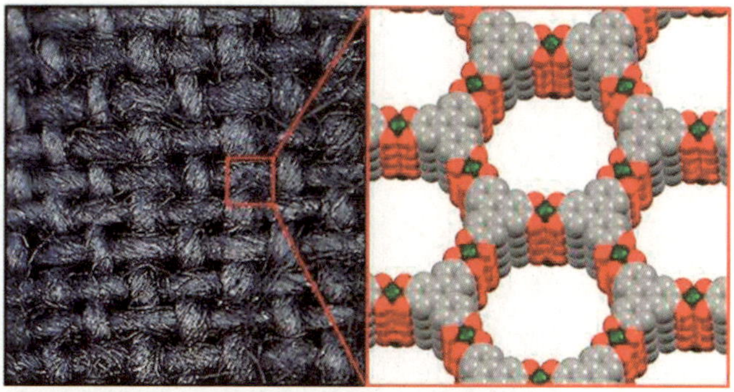

图3-43　能探测有毒气体的智能织物

中国“人造太阳”达到1亿摄氏度高温

2018年10月22—27日在印度举办的第27届国际聚变能大会上，中国科学院等离子体物理研究所万宝年、龚先祖两位研究员向大会报告了他们的核聚变研

究试验获得1亿摄氏度高温的最新成果，受到国际聚变研究同行的广泛关注与高度评价。

我国自主设计研制的国际首个全超导托卡马克核聚变实验装置，即EAST大科学装置，被形象地称为“人造太阳”。它是我国第四代核聚变实验装置，同时也是目前世界上第一个非圆截面全超导托卡马克。

图3-44 EAST大科学装置（局部）

太阳是一个高温高压的热“熔炉”，氢原子与氢原子互相碰撞形成氦，并在释放多余中子的情况下释放出大量的光和热，这就是核能时代的核聚变原理。与核聚变不同的还有核裂变反应，早期的原子弹就是根据裂变反应制造出来的，不过采用的原材料是铀和钚，这种放射性强的材料即使裂变成其他元素，也是具有高浓度辐射性和毒性的。而采用重水氢聚变反应得到的氦就完全不同了，因为这是一种非常干净的产物，而且聚变释放的能量比裂变释放的强，所以根据这一结果，人类在裂变核电站的基础上研究聚变核电站，希望可以制造出真正干净清洁的能源。

前面提到的托卡马克是苏联科学家于20世纪50年代发明的环形磁约束受控核聚变实验装置。经过近半个世纪的努力，在托卡马克上产生聚变能的科学可行性已被证实，但相关结果都是以短脉冲形式产生的，与实际反应堆的连续运行有较大距离。将超导技术成功地应用于产生托卡马克强磁场的线圈上，是

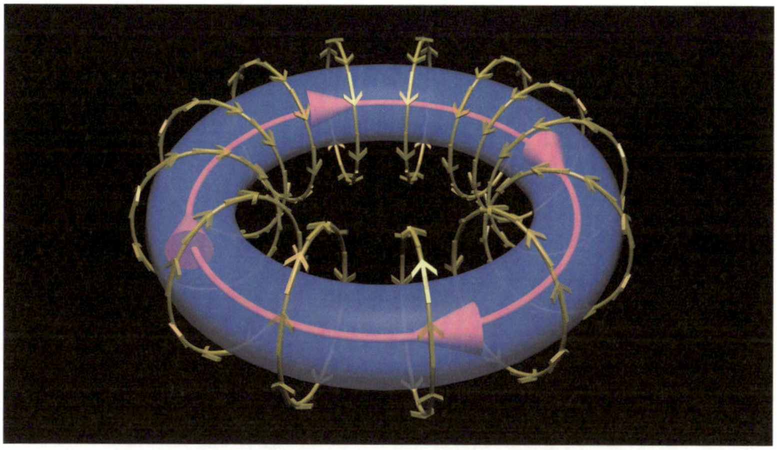

图3-45　托卡马克环形磁场示意图

受控热核聚变能研究的一个重大突破。超导托卡马克使磁约束位形能连续稳态运行，是公认的探索和解决未来聚变反应堆工程及物理问题的最有效的途径。目前，建造超导装置开展聚变研究已成为国际热潮。

全超导托卡马克核聚变实验装置，其运行原理就是在装置的真空室内加入少量氢的同位素——氘或氚，通过类似变压器的原理使其产生等离子体，然后提高其密度、温度使其发生聚变反应，反应过程中会产生巨大的能量。2009年，EAST首轮物理放电实验取得成功，标志着我国站在了世界核聚变研究的前端。

这是一个原理看似简单，但研究和试验工作极为复杂的试验，且不可能在短期内达到实际应用，据预测，2035年前，不太可能实现商业化运行。然而，一旦实现大规模的实际应用，那将给世界带来一场巨大的能源革命。

我有幸现场参观过我国的EAST大科学装置。该装置于"九五"计划期间立项建设，直接瞄准未来聚变能商用目标的关键科学问题开展一系列研究试验。近年来在高性能、稳态、长脉冲等离子体研究方面取得了多项原创性成果，2018年又取得了新的重大突破，加热功率已达到10兆瓦以上，等离子体储能已经上升至300千焦，等离子体中心电子温度首次达到了1亿摄氏度，得到的多项实验

参数均接近未来聚变堆稳态运行模式所需要的相关物理条件，朝着聚变堆实验的运行迈出了极为关键的一步，同时也为人类开发利用核聚变清洁能源奠定了重要的技术理论基础。

这种大科学装置的建设与使用，在一定程度上体现了一个国家的科技发展水平。它需要科学团队具有强大的综合能力，即在相关基础研究、应用研究、材料科学研究、工程装置设计、运行管理等各方面都具有很强的能力，既有优秀领军人物，又有青年才俊，既有深度积累，又有不断创新。自20世纪80年代我国正负电子对撞机建设开始，我国大科学装置的建设和研究取得了一系列重大进展，已跻身世界先进行列。

以上给各位亲爱的读者简略地选取、呈现了21个科学实验案例，毫无疑问，这只是科学实验大海中的朵朵浪花。看完了这些科学实验的案例，你是否对科学实验之道有了一些新的感受呢？不用急着回答我的问题。前面第1章介绍了科学实验的源与流，第2章介绍了科学实验的法与规，这一章又介绍了当代的21个科学实验案例，接下来我们共同展望一下科学实验的未来，看完之后，你对科学实验之道的印象可能会更加清晰一些。

第4章

现代科学实验的未来发展

相信各位读者朋友和我的感受一样，我们眼前的科学世界真是个日新月异，令人目不暇接、眼花缭乱的世界。科学实验未来的发展空间像浩瀚的宇宙一样，没有边际。

不知你想过没有，科学实验发展的动力是什么？早期科学实验的动力主要是好奇和闲适，当代呢？有人说，科学实验发展的动力源于人类对美好生活的向往。有人说，未知和未来是科学发展的永恒动力。事实上，当代科学发展具有一种无比强大的复合动力系统，有了这样的不竭动力，科学的海洋上才会有千帆竞发，百舸争流。

许多科学家和科学机构与组织经常会发出一些预测，例如，世界科技七大发展态势，世界科技十大发展趋势……科学家在做预测，企业家也在做，世界上一些著名的咨询机构、信息公司都在做。我发现，这些预测不少都具有很好的前瞻性，但另一方面，再完美的预测，都有可能会有偏差甚至错讹，因为科学的发展不是预测出来的，总有意想不到的奇迹发生。总体而言，科学的发展是永无止境的，这是科学技术的基本特征之一。

本章如果列举未来的一个个具体的科技创新项目，那绝对会挂一漏万。请看我国专家评选出的2018年中国和世界十大科技进展（科学网发布），分别是：

2018年中国十大科技进展——

（1）港珠澳大桥正式通车运营；（2）我国新一代“E级超算”“天河三号”原型机首次亮相；（3）我国水稻分子设计育种取得新进展；（4）两只克隆猴在我国诞生；（5）科学家测出国际最精准万有引力常数；（6）科学家首次在超导块体中发现马约拉纳任意子；（7）科学家“创造”世界首例单条染色体真核细胞；（8）国产大型水陆两栖飞机AG600成功水上首飞；（9）科学家首次揭示水合离子微观结构；（10）我国首个P4实验室正式运行。

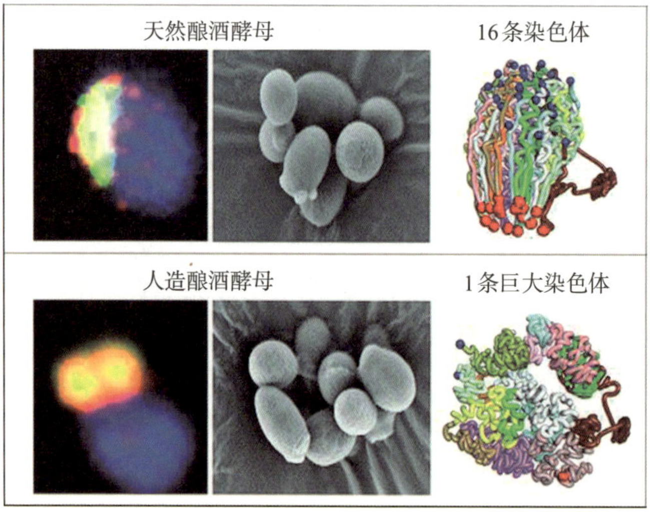

图4-1 科学家“创造”的世界首例单条染色体真核细胞

2018年世界十大科技进展——

(1)“洞察”号无人探测器成功登陆火星;(2)科研人员发现新型光合作用;(3)首架离子驱动飞机研制成功;(4)美国科学家在原子层面“无缝缝制”两种晶体;(5)新方法使先天失明小鼠复明;(6)宇宙高能“幽灵粒子”来源首度观踪;(7)历经13年小麦基因组图谱绘制完成;(8)科学家首次发现银河系外行星存在的迹象;(9)研究人员使用基因剪刀技术;(10)月球存在水冰获确切证实。

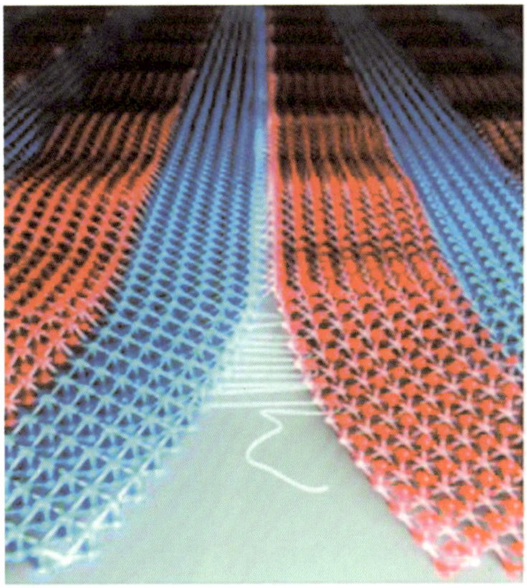

图4-2 美国科学家在原子层面“无缝缝制”两种晶体

图4-3 美国《时代周刊》评选的2018年50项突破性发明选图

这些进展不完全是过去时、现在时，大都含有将来时，代表着科学实验发展的方向。

在这一章，让我们登高望远，开阔视野，对全球科技发展趋势做个粗略的总览，在浏览未来科学概貌之际，点燃心中的科学火种，进一步探求科学实验之道。

科学技术发展的趋势

1. 颠覆性技术层出不穷。

“颠覆性技术”这一概念由管理学大师、哈佛大学教授克莱顿·克里斯坦森首次提出。此后，这一概念被广泛应用，从商业领域扩展到国防、军事、工程应用、航空等各个领域。按照克里斯坦森的观点，颠覆性技术是指以意想不到的方式取代现有主流技术的技术，它们往往从低端或边缘市场切入，以简单、方便、便宜为初始阶段特征，随着性能与功能的不断改进与完善，最终取代已有技术，开辟出新市场，形成新的价值体系。

近年来，全球研究开发投入最集中的领域主要是信息网络、生物科技、清洁能源、新材料与先进制造等领域，正孕育一批具有重大产业变革前景的颠覆性技术。比如，量子计算机与量子通信、干细胞与再生医学、合成生物和“人造叶绿体”、纳米科技和量子点技术、石墨烯材料等，这些方面的颠覆性技术已展现出诱人的应用前景。

比如，石墨烯材料及技术的研发就令人瞠目结舌。石墨烯是一种由碳原子组成的六角形呈蜂巢晶格的二维碳纳米材料。石墨烯具有优异的光学、电学、力学特性，在材料学、微纳加工、能源、生物医学和药物传递等方面具有重要的应用前景，被称为“材料之王”，是一种革命性的材料。有人认为，21世纪，人类

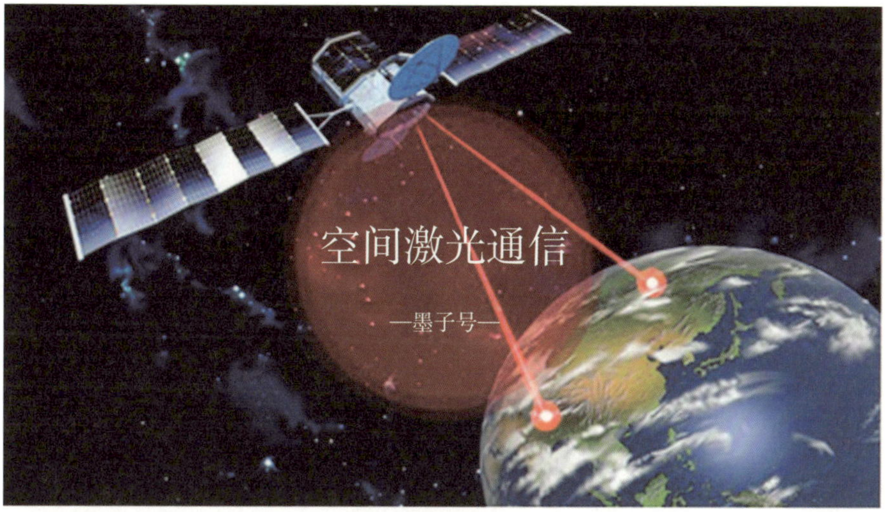

图4-4　中国开通全球首条量子通信干线

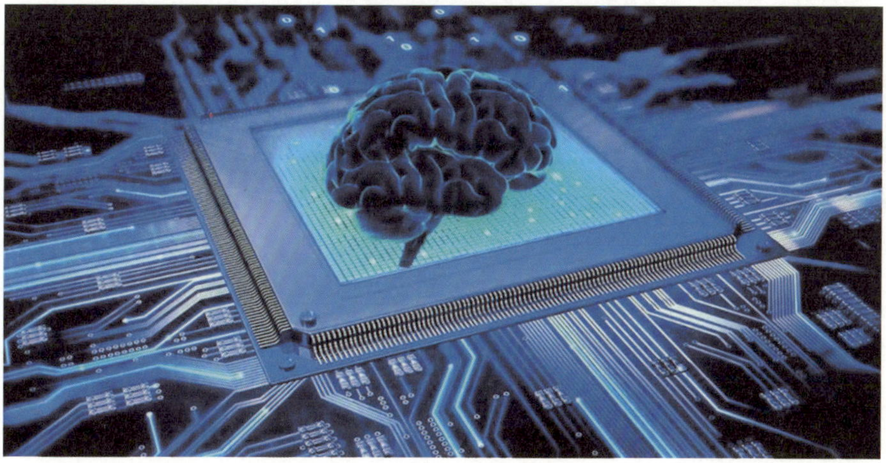

图4-5　量子计算机示意图

将从硅时代全面迈向石墨烯时代。值得高兴的是，我国在石墨烯研发方面态势喜人，多项研究取得重要进展。2018年3月31日，中国首条全自动量产石墨烯有机太阳能光电子器件生产线在山东菏泽启动。

人机共融的智能制造模式、智能材料与3D打印结合形成的4D打印技术，将推动工业品由大批量集中式生产向定制化分布式生产转变，引领"数码世界物质化"和"物质世界智能化"。

这里说说3D打印技术。该技术萌芽于20世纪末期，发展于21世纪初。它是一种以数字模型文件为基础，运用粉末状金属或塑料等可黏合材料，通过逐层打印的方式来构造物体的技术。在实际生产、生活中，它的应用面很广。无论是在航空航天领域，还是在建筑领域、医疗行业，甚至是食品产业、生活用品中，都能发现它的影子。2011年，荷兰医生给一名83岁老人安装了一块用3D打印技术打印出来的金属下颌骨。美国ICON公司使用3D打印机器，在48小时内打印出了一套32平方米、符合得克萨斯州住房标准的住宅。2017年3月，我国建筑3D打印公司——盈创建筑科技（上海）有限公司与沙特一家公司签署了总额达100亿元人民币的合同，盈创公司将在沙特建造3000万平方米的3D打印建筑，用于解决该国日益严峻的住房问题。近年来，3D打印的无人机已经多次飞上蓝天。

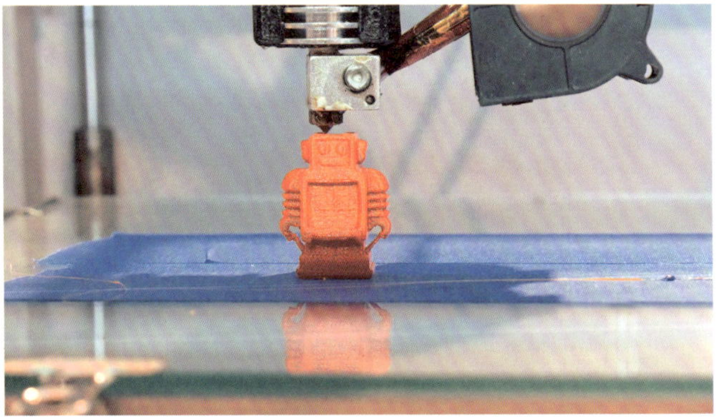

图4-6　3D打印

就在3D打印技术与应用方兴未艾之时，4D打印又悄然兴起。所谓的4D打印，比3D打印多了一个"D"，也就是时间维度。在温度、湿度等外界环境改变时，4D打印的物体能随之改变形状，这就为打印技术拓展了更加广阔的空间。

这些颠覆性技术将不断创造新产品、新需求、新业态，为经济社会发展提供前所未有的驱动力，推动经济格局和产业形态深刻调整，成为创新驱动发展和

图4-7　ICON公司用3D打印机打印的住房

国家竞争力的关键所在。

2. 绿色、健康、智能引领科技创新的重点方向。

全球未来科技将更加重视生态环境保护与修复，致力于研发低能耗、高效能的绿色技术与产品。一方面新的技术将不断得到应用，另一方面组合技术系统将发挥更大的作用。以分子模块育种、加速光合作用、智能技术等研发应用为重点的绿色农业将进一步提高农产品产量和品质，保障粮食和食品安全，合成食品和细胞农业将成为主流。基因测序、干细胞与再生医学、分子靶向治疗、远程医疗等技术大规模应用，医学模式将进入个性化精准诊治和低成本普惠医疗的新阶段。统计数据表明，全球迄今已开展约2400种基因疗法的临床试验。

比如靶向治疗，它是在细胞分子水平上，针对已经明确的致癌位点（这个位点可以是肿瘤细胞内部的一个蛋白分子，也可以是一个基因片段），设计相应的治疗药物，药物进入体内后会特异地选择致癌位点来相结合发生作用，使肿瘤细胞特异性死亡，而不会波及肿瘤周围的正常组织细胞，所以，分子靶向治疗又被称为“生物导弹”。自1998年以来，美国有100多家医院、中国有80余家单位装备了氩氦刀设备。氩氦刀设备是靶向治疗的一种技术设备，它可对多种肿瘤

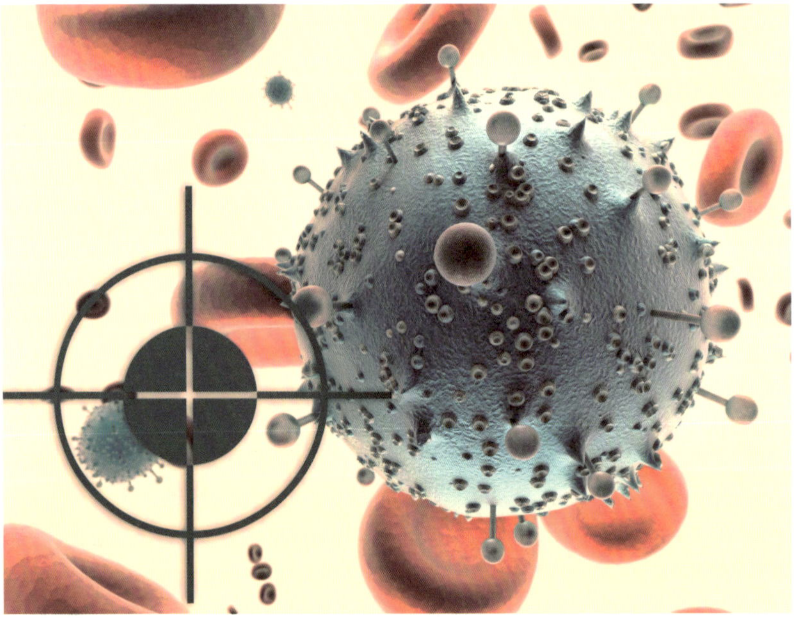

图4-8 靶向治疗

施行精确冷冻切除，并且在肝癌、肺癌、胰腺癌、前列腺癌、肾肿瘤、乳腺癌等治疗领域取得了突破性的进展。

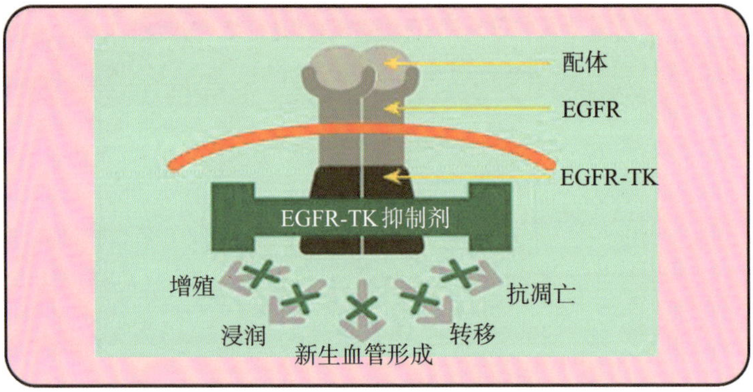

图4-9 分子靶向作用机制图

近些年，智能化快速升温，人工智能几乎家喻户晓。智能化成为继机械化、电气化、自动化之后的新工业革命，工业生产向更绿色、更轻便、更高效的方向发展。科技创新在满足人类不断增长的个性化多样化需求、增进人类福祉方面，展现出超乎想象的神奇魅力，给人们带来很多惊喜。服务机器人、自动驾驶汽车、快递无人机、智能穿戴设备等的普及，将持续提升人类生活质量。

比如，无人机不仅应用于军事领域，而且被广泛应用于航拍、农业、植保、微型自拍、快递运输、灾难救援、野生动物观察、传染病监控、测绘、电力巡检、救灾、新闻报道、影视拍摄等领域。

图4-10　无人机

我们都知道，无人驾驶汽车已经行驶在我国一些城市的道路上。北京到张家口的高铁将实现智能化管理，已在世界上首次成功完成了350千米时速自动驾驶试验。2017年底，中国承建的全球最大的自动化码头在上海洋山港试运行，采用了自动化集装箱码头装卸技术，而且我们已经在利用此技术为一些发达国家改造大型现代化港口。

图4-11　全球最大的智能集装箱码头——上海洋山港自动化码头

有人甚至大胆地预测，100多年后，人造智能将达到人脑的水平，机器人将承担人类100%的体力工作，智力方面工作的替代率也将达到90%。

3. 绿色、高效科技领跑能源领域。

世界能源领域的科技创新把绿色和高效作为重要方向，这已经持续多年，其中众所瞩目的就是可再生能源。可再生能源包括太阳能、水能、风能、生物质能、波浪能、潮汐能、海洋温差能、地热能等。它们在自然界可以循环再生，是取之不尽、用之不竭的能源。21世纪可再生能源政策网络发布的《2019年全球可再生能源现状报告》指出，可再生能源在未来能源使用中将占主导地位。近年来，中国的太阳能、风能等能源研究、开发、利用迅猛发展，其发展速度和规模在全球位居前列，比如中国风力发电累计装机容量和增量均位居全球第一。

未来全球风力发电科技攻关的主要目标定位在大功率中压变频器、高效储能技术和海上风力发电技术的改进方面。预计到2022年，全球风力发电总装机容量将达到840吉瓦（1吉瓦=100万千瓦）；到2030年，海上风力发电装机容量将达到100吉瓦。

图4-12 风力发电

预计到2050年,可再生能源将占全球能源的一半以上。

在清洁能源应用方面,全球清洁燃料和燃料电池研究与开发的竞争一直处于白热化状态。近年来,氢燃料汽车的研制和生产发展迅速。5分钟加满氢燃料,续航800千米,零下30℃仍能正常使用的汽车已经问世。

储能技术的研究开发和应用取得了很大进展,在强大的技术支撑下,全球最大的太阳能锂电池储能系统已开始建造,到2022年,全球联网储能市场规模将达28吉瓦。

可控核聚变技术研究是能源开发研究的重要领域,研发难度较大,近年来,美国、日本、中国的核聚变研究都取得了重大进展。中国科学院近代物理研究所创造性地提出了开发全新加速器驱动先进核能系统,可将铀资源利用率由不到1%提高到95%以上,处理后核废料量不到乏燃料的4%,放射寿命由数十万年缩短为约500年。这些为探索更高效、更安全的核燃料循环体系奠定了基础,有望使核聚变能成为长期可持续、安全、清洁的战略能源。

图4-13　太阳能光伏发电

图4-14　电动汽车续航能力提升是研发重点之一

电动汽车及燃料电池向动力强劲、续航能力强、重量轻、充电快、安全等方向全面发力，各项指标和纪录被不断刷新。电池充电及续航技术成为多国研发热点，电池续航技术频现突破。据报道，美国菲斯克公司研发的固态电池可使电动汽车续航800千米，充电仅需1分钟，这是一个十分惊人的成果。

4. “互联网＋”蓬勃发展，将全方位改变人类生产生活。

人类早已进入互联网时代，互联网的力量正在全面重塑整个世界，使人类文明继农业革命、工业革命之后迈向新的“智业革命”时代。新一代信息技术发展和无线传输、无线充电等技术实用化，为实现从人与人、人与物、物与物、人与服务互联向“互联网＋”发展提供了丰富、高效的工具与平台。随着大数据普及，人类活动将全面数据化，云计算为数据的大规模生产、分享和应用提供了

基础。

中国的互联网技术及应用发展很快。截至2018年底，我国网民规模达8.29亿，互联网普及率为59.6%，较2017年末增长3.8%；我国手机网民规模达8.17亿，网民通过手机接入互联网的比例高达98.6%，这一切都源于强大的科技支撑。

图4-15 互联网城市“交响曲”

工业互联网、能源互联网、车联网、物联网、太空互联网等新网络形态不断涌现，智慧地球、智慧城市、智慧物流、智能生活等应用不断拓展，将形成无时不在、无处不在的信息网络环境，对人们的交流、教育、交通、通信、医疗、物流和金融等各种工作和生活需求做出全方位、及时的智能响应，推动人类生产方式、商业模式、生活方式、学习和思维方式等发生深刻变革。

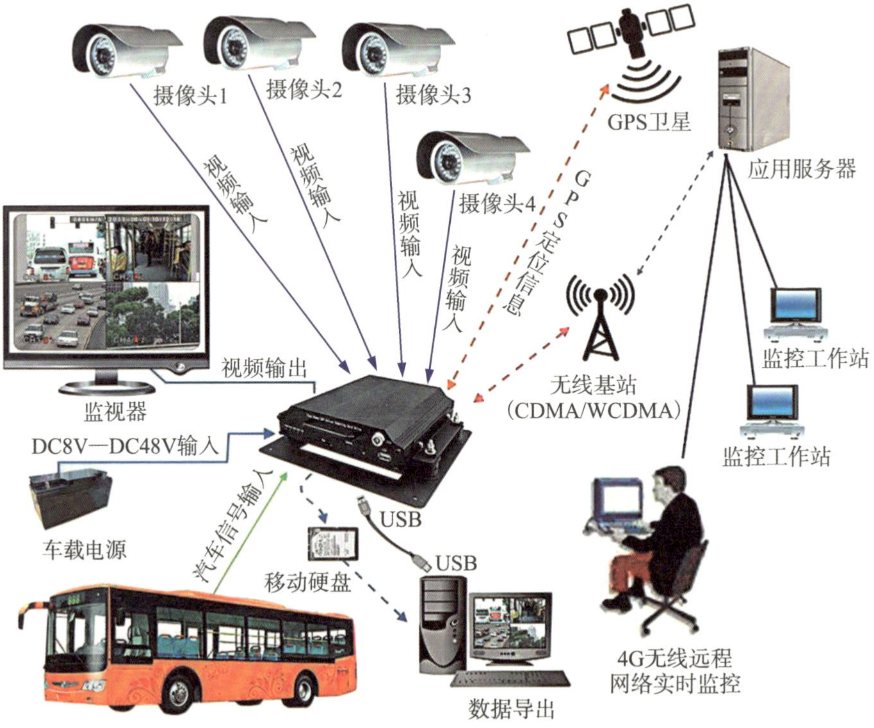

图4-16 智慧城市示意图

5. 科技制高点向“深空、深海、深蓝”推进。

“深空、深海、深蓝”是人类对未知领域又一新的探索方向，即向太空、海洋和信息三大纵深的领域拓展。

随着科技的发展，空间进入、利用和控制技术逐渐成为空间科技竞争的焦点，天基与地基相结合的观测系统、大尺度星座观测体系等立体和全局性观测网络将有效提升人们在对地观测、全球定位与导航、深空探测、信息综合利用等方面的能力。

海洋科技聚焦国家安全与海洋权益、资源可持续利用和深海探索三大方向。空间—海洋立体化实时观测已成为国际海洋科技发展的主流。载人深潜

器、海底资源探测和开发、海底空间站建设等将得到空前发展。海洋新技术的突破正在加快新型蓝色经济的兴起与发展。

中国的深海探测技术与装置研发和深海探测活动处于世界并跑和领跑的位置。2017年，在中国科学院第二次深渊科考任务中，国产水下滑翔机"海翼"号在马里亚纳海沟分两阶段开展试验，共完成了12个周期的观测任务，最大下潜深度达到6329米，成为目前世界上下潜最深的水下滑翔机。"海斗"号自主遥控水下机器人最大下潜深度达10888米，创造了我国水下机器人最大下潜及作业深度的新纪录。

图4-17　我国研制的"蛟龙"号深海探测装置

量子计算机、非硅信息功能材料、第五代移动通信技术(5G)等信息技术向更高速度、更大容量、更低功耗发展。5G技术已经起步，有望成为未来数字经济乃至数字社会的"大脑"和"神经系统"，帮助人类实现"信息随心至，万物触手及"的用户体验，并带来一系列产业创新和巨大经济及战略利益。就在5G技术应用初露锋芒，竞争处于白热化之时，6G技术的研发已经提上日程，少数有实力的研发部门已经开始研究部署相关早期工作。据咨询机构的权威专家估

计，下一代6G手机可能在2030—2035年问世，未来的6G传输能力将在5G的基础上提升100倍。

6. 前沿基础研究向宏观拓展、微观深入和极端条件方向交叉融合发展，一些基本科学问题正孕育重大突破。

由于科技的发展，人类对宇宙起源和演化、暗物质与暗能量、微观物质结构、极端条件下的奇异物理现象、复杂系统等的认知将越来越深入，对客观物质世界的认识提升到了前所未有的新高度。合成生物学进入快速发展阶段，从系统整体的角度和量子的微观层面认识生命活动的规律，为探索生命起源和进化开辟了崭新途径，将掀起新一轮生物技术的浪潮。

与此同时，人类对自身的探索也更加深入，人类脑科学研究将取得重大突破，有望描绘出人脑活动图谱和工作机理，有可能揭开意识起源之谜，极大地带动人工智能、复杂网络理论与技术发展。前沿基础研究的重大突破将改变和丰富人类对客观世界与主观世界的基本认知，不同领域的交叉融合发展有望催生新的重大科学思想。

图4-18 脑科学

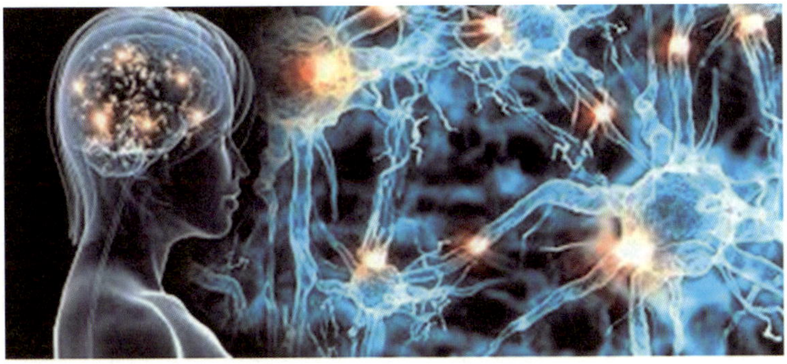

图4-19　全球脑科学研究进入跨学科、多层次时代

为了创造出更多的机遇以取得新的研究突破，非常规的极端实验条件变得越来越重要。原中国科学院极低温物理开发实验室和中国科学院物理研究所部分低温、高压方面的研究组于2000年联合组建了极端条件物理重点实验室，为研究者提供一个开放的极低温、强磁场、超高压研究实验平台。

7. 科技创新活动日益社会化、大众化、网络化，新型研发组织、创新理念、创新模式将极大改变创新生态。

网络信息技术、大型科研设施开放共享、智能制造技术提供了功能强大的研发工具和前所未有的创新平台，使创新门槛迅速降低，协同创新不断深化，多样化新型创新平台和模式不断涌现。科研和创新活动向个性化、开放化、网络化、集群化方向发展，催生了越来越多的新型科研机构和组织，正在改变和营造新的创新生态。

图4-20　中国民生银行和华为公司建立联合创新实验室

以“创客运动”为代表的小微型创新正在全球范

围掀起新一轮创新创业热潮，以互联网技术为依托的"软件创业"方兴未艾，由新技术驱动、以极客和创客为重要参与群体的"新硬件时代"正在开启。这些趋势将带来人类科研和创新活动理念及组织模式的深刻变革，激发出前所未有的创新活力。

2018年5月17日，由中国首家民营企业零壹空间科技公司自主研制的火箭发射升空。另外一些民营企业也在开拓卫星通信业务。

8. 全球科技创新格局将由以欧美为中心向北美、东亚、欧盟"三足鼎立"的格局加速发展。

16世纪以来，世界科学中心发生了五次转移：第一次科学中心在意大利（1504—1610）；第二次科学中心在英国（1660—1750）；第三次科学中心在法国（1760—1840）；第四次科学中心在德国（1875—1920）；第五次科学中心在美国（1920年至今）。可以看出，科学中心一直在欧美几个发达国家流转。

随着经济全球化进程加快和新兴经济体崛起，特别是国际金融危机以来，全球科技创新力量对比悄然发生变化，开始从发达国家向发展中国家扩散。从2001年到2011年，美国研发投入占全球研发投入的比重由37%下降到30%，欧洲从26%下降到22%。联合国教科文组织的报告指出，2015年美国的研发投入占全球研发投入的比重为28%，中国约占20%，欧盟占19%。2018年中国的研发投入总额达1.97万亿元人民币。我国研究与试验发展经费支出超过欧盟15国平均水平，研发人员总量居世界第一，发明专利申请量和授权量居世界首位。

我国华为技术有限公司2018年研发投入1015亿元人民币，研发人员约8万名，在全球有14个研究所、36个创新中心。其研发投入在全球范围内排名第五。截至2018年底，累计获得专利授权87805件。

虽然以美国为代表的发达国家目前在科技创新上仍处于领先地位，但中国、印度、巴西、俄罗斯等新兴经济体已成为科技创新的活化地带，在全球科技创新"蛋糕"中所占份额持续增长，对世界科技创新的贡献率也快速上升。全球

创新中心由欧美向亚太、由大西洋向太平洋扩散的趋势总体持续发展，未来二三十年内，北美、东亚、欧盟三个世界科技中心将鼎足而立，主导全球创新格局。

科学实验方法的发展趋势

科学方法是人们在认识世界和改造世界的过程中遵循或运用的、符合科学一般原则的各种途径和手段，包括在理论研究、应用研究、开发推广等科学活动过程中采用的思路、程序、规则、技巧和模式。在心理学中，主要是指利用科学思维从事科学研究，从而得出所研究对象的本质和规律。科学方法论，狭义指关于科学研究、科学评价、科学发展的正确的一般方法，广义指由正确的世界观决定的人们认识世界、改造世界的正确的根本方法。科学实验方法大体上包含在科学方法之中。狭义的科学方法论包含在广义的科学方法论之中。

图4–21　科学方法相关图书精彩纷呈

1. 极大和极小两个极端的研究思路、方法及装置。

如前文所述，我国研究建造的500米口径球面射电望远镜，口径500米，边框1500米，反射面积或者说接收面积达25万平方米，相当于30个足球场大小，大家形象地称它为“中国天眼”。截至2019年7月19日，FAST一共已发现125颗优质脉冲星候选体，其中有86颗已被确认为新脉冲星。

再比如，欧洲大型强子对撞机是现在世界上最大、能量最高的粒子加速

器。该大型强子对撞机坐落于日内瓦附近瑞士和法国的交界侏罗山地下100米深、总长27千米(含环形隧道)的隧道内。2008年9月10日,对撞机初次启动进行测试,用于发现新的粒子。

2018年8月23日通过国家验收、投入正式运行的中国散裂中子源(CSNS),是国家重点建设的大科学装置,是位列国际前沿的高科技、多学科应用的大型研究平台。该装置坐落于广东省东莞市,项目总投资约为23亿元人民币。

图4-22 中国散裂中子源投入运行

散裂中子源是研究中子特性、探测物质微观结构和运动的科研装置,它通过直线加速器和环形加速器将质子束增加至16亿电子伏的能量后引出,撞击钨靶产生中子,从而进行科学研究。该装置成为发展中国家拥有的第一台散裂中子源,和正在运行的美国、日本与英国的散裂中子源一起,构成世界四大脉冲散裂中子源。

散裂中子源的建成、运行,可带动物理学、化学、生命科学、材料科学、纳米科学、医药、国防科研和新型核能开发等学科发展。比如说可燃冰的研究,需要模拟千米深水下的压力,需要很厚的容器壁,只有散裂中子源的中子能够穿过,而且中子散射对碳、氢、氧、氮这些轻的元素敏感,所以它能够很清楚地分析出可燃冰的结构。只有搞清楚了可燃冰的性质,我们才能够安全有效地使用可

燃冰。

FAST、强子对撞机、散裂中子源等本身是大科学装置，研制和使用这些装置也涉及科学理念与方法问题。

除了大科学装置向极大发展的研究思路之外，向极小发展，也是一种研究思路及方法。比如纳米科学的发展就是在极微小尺度开展的研究。

率先提出纳米技术设想的是诺贝尔奖得主、理论物理学家理查德·费曼。他率先提出利用微型机器人治病的想法。用他的话说，就是“吞下外科医生”。这些年，纳米材料的研究突飞猛进，与此同时，纳米机器人的研究也在紧锣密鼓地进行中，这些都是基于极微小尺度的科学方法。

中国科学院沈阳自动化研究所研制成功了一台能够在纳米尺度上操作的机器人系统样机。在一个演示中，研究人员操纵“纳米微操作机器人”，在一块硅基片上1微米×2微米的区域清晰刻出“SIA”（沈阳自动化研究所的缩写）3个英文字母；另一个演示显示，在一块5微米×5微米的硅基片上，操作者将一个4微米长、100纳米粗细的碳纳米管准确移动到一个刻好的沟槽里。

图4-23　中国科学院沈阳自动化研究所科研人员在进行纳米机器人研究

加拿大麦吉尔大学、蒙特利尔大学和蒙特利尔工学院的研究者们经过合作，在癌症治疗领域取得了一项重大突破。他们研制出一款纳米机器人，可以在人体血管内运行，精准地锁定癌细胞并投递药物，从而杀死癌细胞。

2017年9月21日，《自然》杂志上发表了一项科研成果：英国曼彻斯特大学

的科学家们制造的“分子机器人”能通过搬运其他分子来完成指令任务。这款尺寸为 $\frac{1}{1000000}$ 毫米的微型机器人，能利用它微小的机械臂移动和堆砌其他分子。每个总共由150个碳原子、氢原子、氧原子和氮原子组成的独立的小机器人，都能熟练地操纵一种单分子。这项成果被评为当年世界十大科技新闻之一。

由中国科学院国家纳米科学中心聂广军、丁宝全和赵宇亮领导的研究团队，与美国亚利桑那州立大学生物设计研究所分子设计和仿生学中心主任颜灏博士的课题组合作，在《自然生物技术》杂志上发表了一篇文章，文章对纳米机器人及其工作原理进行了详细描述。他们还研发出了一种可编程、基于DNA折纸术的纳米机器人系统，这种纳米机器人可找到肿瘤，然后阻断血液供应来影响肿瘤的生长和转移。研究人员称，通过选择性地切断血液供应来“饿死”肿瘤，效果是很明显的。如果阻断血液，几个小时就能够从肿瘤的状态看到效果，并且适用于几乎任何类型的肿瘤，前景十分诱人。

在极微小尺度开展研究的方法在其他领域也有广泛的应用。

2. 用模拟法开展研究。

模拟研究法是通过模仿真实的或假设的研究体系的动态过程来发现其特性的一种研究方法。模拟研究法通常要借助模型手段，但同一般的实验模型不同，它不是在固定的实验背景条件下检验实验体系中一变量对另一变量的影响，而是要再现模仿体系各要素和变量之间的互相作用的过程。它是动态的，注重的是变

图4–24　大型风洞模拟实验装置

化、发展或过程。一旦对模拟模型中价值和变量间的关系赋予选定的变量，就可以通过模型中扮演不同角色的要素的互相作用来操纵该模拟模型。

还有另一种模拟法，比如核裂变试验研究。由于在当前的国际环境下，不可能再进行大型的核裂变实验，而且这样的实验成本也极高，因此，科学家在实验室里研究出了一种尺度很小的装置，来模拟大型的核裂变试验过程的关键环节。模拟研究得出的数据，具有非常重要的理论与实践参考价值。

3. 组合系统式研究方法。

严格来说，这一方法的使用不是“将来时”，而是“过去时、现在进行时”。早在20世纪，我到国外一些研究院所和大学参观考察时，就曾注意到组合系统式研究方法，之后又看到许多与此方法相关的文章和报道。现在如果讲到组合系统式研究的趋势，就必须有“将来时”，那就是由简单组合到复杂组合，由单一组合到系统组合，由同学科组合到跨学科组合、跨领域多学科组合，由小中型组合到大型、超大型组合。

上海同步辐射光源，英文简写为SSRF，是中国重大科学工程之一，坐落在上海市张江高科技园区，我曾两度前往参观考察。SSRF为先进的中能第三代同步辐射光源，包括一台150兆电子伏的电子直线加速器、一台周长为180米的能在0.5秒内把电子束能量从150兆电子伏提升到3.5吉电子伏的全能量增强

图4–25　中国自行研制的大科学装置——上海同步辐射光源的内部场景

器和注入/引出系统、一台周长为432米的3.5吉电子伏高性能电子储存环。其首批7条光束线与实验站已全部完成安装和调试，所有光束线计划在未来15年内完成安装调试，届时将有60多个实验站同时开展多项重要科学研究。这个科学装置对推动中国多学科领域的科技创新和产业升级将产生重大作用。这种超大组合系统的理念、设计、建造、运行、管理、研究无不涉及科学研究、科学实验的方法。

4. 运用小型、大型、超大型计算机辅助进行科学研究。

运用小型、大型、超大型计算机辅助进行科学研究，已成为现代科学研究重要的方法和手段，极大地提高了效率，增强了功能，扩展了领域。

现在，许多科学实验都加入了小型计算机系统辅助进行，这在国内外的大学和研究机构几乎随处可见。中型、大型、超大型计算机也参与到科学实验系统之中。由国防科技大学研制的超级计算机系统“天河二号”，以峰值计算速度每秒5.49亿亿次、持续计算速度每秒3.39亿亿次双精度浮点运算的优异性能，曾蝉联全球最快超级计算机，直至2016年6月新一期全球超级计算机500强榜单公布，中国自主研制的“神威太湖之光”跃居榜首，将其取而代之。“天河二号”计算机系统由170个机柜组成，包括125个计算机柜、8个服务机柜、13个通信机柜和24个存储机柜，占地面积720平方米，内存总容量1400万亿字节，存

图4-26　我国研制的“天河二号”超级计算机

储总容量12400万亿字节，最大运行功耗17.8兆瓦。“天河二号”运算1小时，相当于13亿人同时用计算器计算1000年。想到20世纪五六十年代我国科学家研制原子弹、氢弹时还用过算盘和原始的手摇计算机，真让人不由得感叹科学的发展日新月异。

“天河二号”逐步在生命科学、材料科学、大气科学、地球物理、宇宙学、经济学，以及大型基因组组装、基因测序、污染治理等一系列事关国计民生的大科学、大工程中“大显身手”。

讲到这里，我们驰目骋怀的前瞻和展望暂时告一段落，收回奔放舒展的思绪，由感性到理性，由具体到抽象，稍做一点深入的思考：科学发展的规律和模式是什么呢？

我想借助专家们的研究来归纳结果：（1）科学实验的发展呈现从分化到综合的整体趋势；（2）科学发展是渐进性和飞跃性的统一；（3）科学发展是内因和外因共同作用的结果；（4）科学发展是现象阶段、实体阶段、本质阶段的演进过程；（5）科学发展是继承与创新的有机统一。

关于科学研究、科学实验的发展趋势，就和读者朋友们聊这些，感觉好像只是找到了九牛之一毛。好在这是一个开放系统，读者朋友们可以依据自己了解的信息，展开想象的翅膀，尽情地补充、丰富，续写新的篇章。

参考书目

[1]吴国盛. 科学的历程(全新修订版)[M]. 长沙:湖南科学技术出版社,2018.

[2]金出武雄. 像外行一样思考,像专家一样实践——科研成功之道[M]. 马金成,王国强,译. 北京:电子工业出版社,2006.

[3]尹传红. 创新的力量[M]. 上海:上海科技教育出版社,2018.

[4]尹传红. 思想的锋芒[M]. 上海:上海科技教育出版社,2018.

[5]贺天平,等. 科学实验之光[M]. 北京:科学出版社,2009.

[6]张大松. 科学思维的艺术[M]. 北京:科学出版社,2008.

[7]袁运开,王顺义. 世界科技英才录——科学方法卷[M]. 上海:上海科技教育出版社,1998.

[8]陈建国. 科学方法是什么[M]. 南昌:江西高校出版社,2003.

[9]李建珊,等. 科学方法概览[M]. 北京:科学出版社,2002.

[10]肖显静. 科学经验方法[M]. 北京:科学出版社,2002.

[11]胡志强,肖显静. 科学理性方法[M]. 北京:科学出版社,2002.

[12]解恩泽. 科学的蒙难[M]. 北京:科学出版社,1998.

[13]布凌格. 未来世界的100种变化[M]. 王河新,史仁虎,刘百宁,等,译. 北京:科学出版社,2005.

[14]易南轩,王芝平. 数学星空中的璀璨群星[M]. 北京:科学出版社,2009.

[15]崔佳. 一本书读完科学发现的历史[M]. 北京:中华工商联合出版社,2014.

[16]李佳曾. 创造的魅力[M]. 南京:江苏科学技术出版社,2000.

[17]徐飞. 科学家的失误[M]. 合肥:安徽教育出版社,1997.

[18]雅·布伦诺斯基. 科学进化史[M]. 李斯,译. 海口:海南出版社,2001.

[19]叶永烈. 科学家故事100个[M]. 武汉:长江文艺出版社,2017.
[20]林成涛. 科学的故事[M]. 北京:中国档案出版社,2001.
[21]劳拉·常. 纽约时报50位科学家[M]. 赵伯炜,于明,冯速,译. 海口:海南出版社,2003.
[22]日经BP社. 黑科技——驱动世界的100项技术[M]. 艾薇,译. 北京:东方出版社,2018.
[23]尼克·阿诺德. 改变世界的科学实验[M]. 郭景儒,邓其仁,译. 北京:北京少年儿童出版社,2010.
[24]李亚东. 珍贵的启示——科学家失误谈[M]. 广州:广东科技出版社,1997.
[25]曹南燕. 在清华听讲座[M]. 北京:清华大学出版社,2005.
[26]尹传红. 星星还是那颗星星——科学随想[M]. 上海:上海科技教育出版社,2009.
[27]马克·米奥多尼克. 迷人的材料[M]. 赖盈满,译. 北京:北京联合出版公司,2015.
[28]H. 博宾斯卡. 居里夫人的故事[M]. 董福生,译. 北京:中国少年儿童出版社,1980.
[29]路甬祥. 科学之旅[M]. 沈阳:辽宁教育出版社,2001.
[30]约翰·格里宾. 科学简史[M]. 张帆,马宏伟,马华,蒋斌,译. 济南:山东画报出版社,2006.
[31]叶平,刘晓丽. 科学认识与方法论[M]. 北京:中国环境科学出版社,2006.
[32]兰迪·奥尔森. 科学需要讲故事[M]. 高爽,译. 重庆:重庆大学出版社,2018.
[33]苏珊·怀斯·鲍. 极简科学史[M]. 徐彬,王小琛,译. 北京:中信出版社,2016.
[34]约翰·H. 立恩哈德. 智慧的动力[M]. 刘晶,译. 长沙:湖南科学技术出版社,2004.
[35]集智俱乐部. 科学的极致——漫谈人工智能[M]. 北京:人民邮电出版社,2015.

图书在版编目（CIP）数据

科学实验之道 / 沈颖编著. -- 杭州 : 浙江教育出版社，2019.12（2024.8重印）
中国青少年科学实验出版工程 / 郭传杰主编
ISBN 978-7-5536-9893-9

Ⅰ. ①科… Ⅱ. ①沈… Ⅲ. ①科学实验－青少年读物 Ⅳ. ①N33-49

中国版本图书馆CIP数据核字(2019)第292357号

中国青少年科学实验出版工程

科学实验之道

KEXUE SHIYAN ZHI DAO

沈　颖　编著

策　　划　周　俊
责任编辑　吴颖华
营销编辑　滕建红
美术编辑　韩　波
责任校对　余晓克
责任印务　陈　沁
出版发行　浙江教育出版社
（杭州市环城北路177号　电话:0571-88909724）
图文制作　杭州兴邦电子印务有限公司
印刷装订　杭州佳园彩色印刷有限公司
开　　本　710mm×1000mm　1/16
印　　张　12
插　　页　2
字　　数　240 000
版　　次　2019年12月第1版
印　　次　2024年8月第2次印刷
标准书号　ISBN 978-7-5536-9893-9
定　　价　38.00元

国家出版基金项目
NATIONAL PUBLICATION FOUNDATION

中国青少年科学实验出版工程 郭传杰/主编

The Rule of Scientific Experiments

科学实验之道

沈颖◎编著

浙江教育出版社·杭州